住房城乡建设部土建类学科专业『十三五』规划教材

# 楼梯与扶栏装饰

（建筑与规划类专业适用）

王　峰　主　编
周连成　副主编
孙耀龙　主　审

中国建筑工业出版社

**图书在版编目（CIP）数据**

楼梯与扶栏装饰：建筑与规划类专业适用 / 王峰主编. —北京：中国建筑工业出版社，2020.2
住房城乡建设部土建类学科专业“十三五”规划教材
ISBN 978-7-112-24833-9

Ⅰ.①楼… Ⅱ.①王… Ⅲ.①楼梯—建筑设计—高等学校—教材 Ⅳ.①TU229

中国版本图书馆CIP数据核字（2020）第022542号

本教材为住房城乡建设部土建类学科专业“十三五”规划教材。本教材主要以材料为切入点，讲解不同的楼梯及扶栏的构造和施工，工学结合，案例详实，适用于高职院校建筑装饰工程技术及相关专业学生与施工操作人员。

为更好地支持本课程的教学，我们向使用本教材的教师免费提供教学课件，有需要者请与出版社联系，邮箱：cabp_gzzs@163.com。

责任编辑：杨 虹 周 觅
责任校对：党 蕾

住房城乡建设部土建类学科专业“十三五”规划教材
**楼梯与扶栏装饰**
（建筑与规划类专业适用）
王 峰 主 编
周连成 副主编
孙耀龙 主 审
*
中国建筑工业出版社出版、发行（北京海淀三里河路9号）
各地新华书店、建筑书店经销
北京雅盈中佳图文设计公司制版
北京京华铭诚工贸有限公司印刷
*
开本：787毫米×1092毫米 1/16 印张：$7^1/_2$ 字数：150千字
2020年11月第一版 2020年11月第一次印刷
定价：30.00元（赠课件）
ISBN 978-7-112-24833-9
（35379）

# 前　言

“楼梯与扶栏装饰”课程是建筑装饰工程技术专业的职业岗位课程，是装饰工程细部工程的一项内容。本教材适用于高职院校建筑装饰工程技术专业学生及施工操作人员。

本教材共四章。第1章楼梯设计，第2章楼梯，第3章楼梯饰面，第4章扶栏。四章各分为若干节，主要以材料为切入点，将不同的楼梯及扶栏的构造和施工进行讲解。本教材是工学结合教材，配以操作案例、实训练习等环节，体现实施过程即实施步骤。对于不同的章节而言，步骤基本相同，体现了工学结合课程在教学实施过程中“重复的是步骤，变化的是内容”这一理念。教师在实施过程中，逐渐由教学生做，过渡到学生自己做。

本教材第2章、第4章的第1、3节由江苏建筑职业技术学院的王峰编写；第3章第1、2节由江苏中意博山装饰工程有限公司的周连成编写；第1章，第3章的第3、4节，第4章第2节由江苏建筑职业技术学院的孙韬编写。视频资源由王峰、孙秋荣录制。孙锦滢为本教材的前期资料整理付出了辛勤的劳动，全书在编写过程中参考了大量的文献和资料，还使用了部分网络文字及图片，在此表示衷心的感谢。

本课程是国家示范高职建设重点工学结合课程开发的配套工学结合特色教材，里面很多内容是此次建设过程中改革和实践的成果，不足之处希望大家提出宝贵意见和建议。

# 目　录

# 楼梯与扶栏装饰

# 1

1 楼梯设计

# 1.1　楼梯的组成与分类

**学习目标：**

通过本章节的学习掌握楼梯的基本知识和设计楼梯应掌握的一般规定和规范要求。

楼梯是建筑物中垂直交通的通道，是楼层间空间转换需要的构件。在设有电梯的高层建筑物中也同样必须设置楼梯，作为安全疏散通道，在停电或发生火灾、地震等灾害时逃生使用。

## 1.1.1　楼梯的组成

楼梯由连续楼梯段、平台、栏杆（栏板）和扶手等组成，如图 1–1 所示（二维码 1–1）。

二维码 1–1　楼梯的组成

1. 楼梯段

楼梯段又称梯跑，是楼梯的主要承重和使用部分。它由若干个踏板组成。为适应人们的习惯，减少人们上下楼梯时的疲劳，一个楼梯段的步数要求最多不超过 18 级，最少不少于 3 级。

2. 平台

楼梯平台又称为休息平台，按照其所处位置可分为楼层平台和中间平台。其主要作用是让人们在连续上楼时，可在此稍加休息，缓解疲劳。同时，平台还起到梯段之间转换方向的连接作用。

3. 栏杆（栏板）和扶手

栏杆（栏板）和扶手是楼梯段的围护结构，也是安全保护设施。一般设置在楼梯段的侧面和平台的临空处，其应有一定的承载力、刚度和足够的安全高度。

二维码 1–2　楼梯的类型

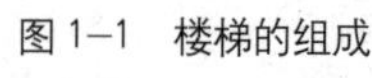

图 1–1　楼梯的组成

## 1.1.2　楼梯的类型（二维码 1–2）

楼梯按所处空间可分为室内楼梯（图 1–2）和室外楼梯（图 1–3）。

图 1–2　室内楼梯（左）
图 1–3　室外楼梯（右）

楼梯按布置方式可分为：单跑楼梯、双跑楼梯、三跑楼梯和双分、双合式楼梯等。

单跑楼梯（图 1–4）只有一个梯段，中间不设休息平台，从一层平面起步一个方向直达另一层。踏板一般控制在 18 步以内，因此不适用于层高较大的建筑物。

图 1–4 单跑楼梯

双跑楼梯有双跑直楼梯（图 1–5）和双跑平行楼梯（图 1–6）两种，双跑平行楼梯是应用最为广泛的一种形式。双跑直楼梯是在建筑物连续两个楼层之间，由两个同方向的梯段和一个中间休息平台组成，一般应用于建筑平面不大的建筑物。两个梯段可等长或不等长。为拓展底层的应用空间，一般第一梯段较长，第二梯段略短。双跑平行楼梯则是在建筑物连续两个楼层之间，由两个平行而方向相反的梯段和一个中间休息平台组成。为节约平面面积，经常两个梯段做成等长。

三跑楼梯(图 1–7)是在两个楼板层之间，由三个梯段和两个休息平台组成，常用于层高较高或楼梯井较狭窄的建筑物。

图 1–5 双跑直楼梯（左）

图 1–6 双跑平行楼梯（右）

图 1–7 三跑楼梯

分合式楼梯（图 1–8）是由一个较宽的梯段上至休息平台，再分成两个较窄的梯段上至楼层；或相反，先由两个较窄的梯段上至休息平台，再合成一个较宽的梯段上至楼层。

图 1–8　分合式楼梯

楼梯按照使用功能分为普通楼梯和特种楼梯两大类。普通楼梯包括钢楼梯、钢筋混凝土楼梯和木楼梯等，其中钢筋混凝土楼梯在结构、耐火、造价、刚度、施工、造型等方面具有较多的优点，应用最为广泛。特种楼梯主要有安全梯、消防梯和自动梯三种。

楼梯按照传力方式与构造不同可以分为：梁承式、墙承式、柱承式和吊挂式等类型。

二维码 1–3　梁承式楼梯

梁承式楼梯，其楼梯梯段的荷载将直接传递给上下平台梁，或只传给一侧的平台梁，然后再由平台梁传递给墙或柱等结构构件（二维码 1–3）。梁承式楼梯的梯段，又可根据传力方式不同分为：板式梯段和梁板式梯段。板式梯段（图 1–9）是指楼梯段作为一块整板，斜向放置在楼梯的平台梁上。平台梁之间的距离便是这块板的跨度。

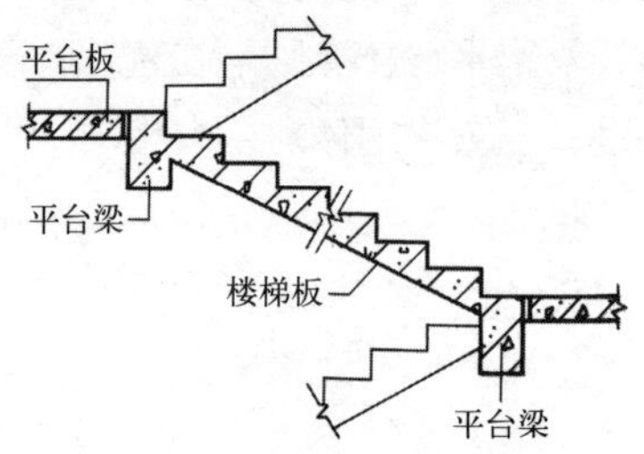


图 1–9　板式梯段

而当梯段较宽或楼梯负载较大时，采用板式梯段往往不经济，须增加梯段斜梁（简称梯梁）以承受板的荷载，并将荷载传给平台梁，这种梯段称为梁板式梯段（图 1–10）。梁板式梯段在结构布置上有双梁布置和单梁布置之分。梯梁在板下部的称为正梁式梯段，梯梁在板上部的称为反梁式梯段。

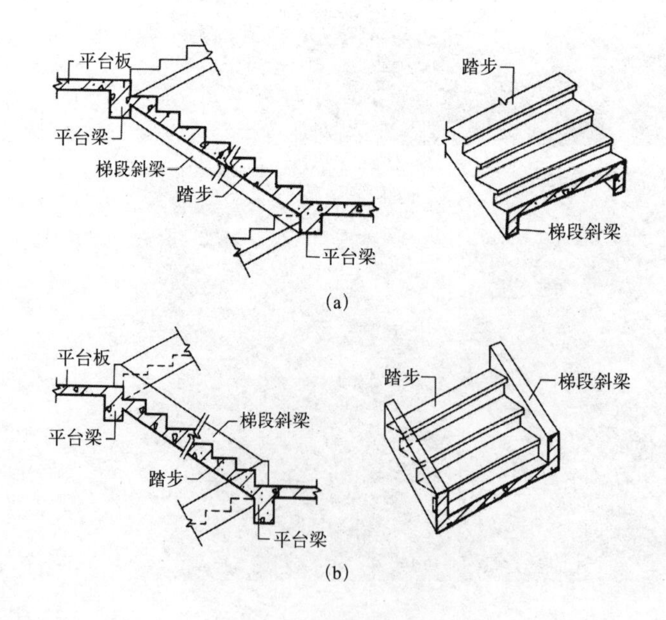


图 1–10　梁板式梯段

(a) 正梁式梯段；
(b) 反梁式梯段

墙承式楼梯（图 1—11）是指踏板板直接搁置在两侧墙上或单侧墙上的一种楼梯形式。

柱承式楼梯（图 1—12）多为中间一根立柱，踏板板围绕立柱螺旋上升，踏板板的荷载都直接传递给中间立柱，也叫作中柱旋转楼梯。现在室内常用的钢木楼梯多为这种结构。这种楼梯安装简单，对空间要求不高。但是，这种楼梯不能作为安全疏散楼梯使用。

吊挂式楼梯（图 1—13）一反传统楼梯荷载自上向下传递的常规，而是通过吊杆，将整个楼梯的荷载传递到上部去。

图 1—11　墙承式楼梯（左）
图 1—12　柱承式楼梯（中）
图 1—13　吊挂式楼梯（右）

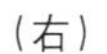

## 1.2　楼梯的设计要求

**学习目标：**

通过本章节的学习掌握一般楼梯设计的方法，能进行简单的楼梯设计，并能为不同的建筑物进行楼梯形式的设计。

楼梯作为垂直交通的建筑构件，有连接上下层和解决紧急疏散的功能，同时尺寸还要符合使用需求。对于处于建筑内部开敞式的楼梯，还要有一定的装饰性。因此楼梯设计在相关的建筑设计规范中，都有专门的条文对其提出了最基本的要求。

### 1.2.1　楼梯宽度设计

楼梯的宽度是墙面至扶手中心线或扶手中心线之间的水平距离。楼梯梯段宽度要满足使用方便和安全疏散的要求。作为垂直交通通道使用的楼梯宽度以每股人流的宽度 0.55m，加上人流在行进中的人体摆动幅度 0～0.15m 来确定人流的股数，并不应小于两股人流。在公共建筑中，人流在行进中的人体摆动幅度应取上限。

【例】某办公楼楼梯宽度设计为两股人流通过，人流在行进中的人体摆动幅度应取上限 0.15m。那么这个楼梯的宽度计算公式为：

$$(0.55+0.15) \times 2=1.4\text{m}$$

不同的建筑类型，根据使用性质的不同，楼梯宽度也是不相同的。以上公式及示例对疏散楼梯是适用的，但是对于日常交通的楼梯并不完全适用，尤其是人员密集的公共场所，如商业中心、演艺场所、体育馆等。设计其主要楼梯时，应考虑多股人流通行能力，避免出现疏散不畅的现象。

一般情况下，一股人流的宽度大于 900mm，两股人流的宽度在 1.1～1.4m，三股人流的宽度在 1.65～2.1m，但公共建筑都不应少于两股人流。

梯段改变方向时，扶手转向端处的平台最小宽度不应小于梯段宽度，并不得小于 1.2m，当有搬运大型物件需要时应适量加宽。

### 1.2.2 楼梯坡度设计

楼梯的常用坡度（图 1–14）范围在 25°～45° 间，其中 30° 最为适宜，最大坡度不宜超过 38°。当坡度小于 20° 时，采用坡道，大于 45° 时，则采用爬梯。

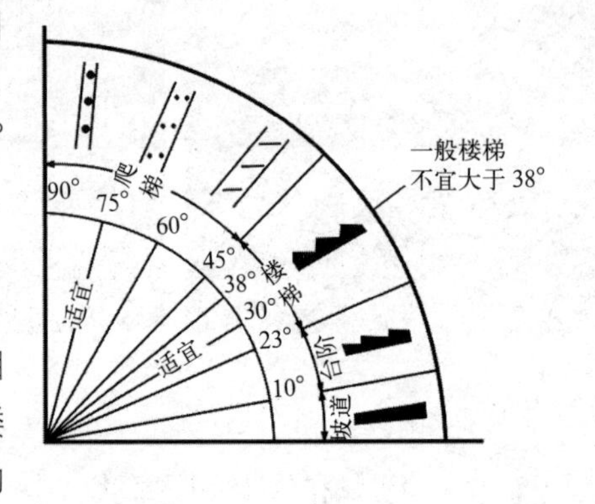


图 1–14 楼梯、台阶和坡道坡度的适用范围

### 1.2.3 楼梯踏板尺寸设计

楼梯踏板尺寸是与楼梯坡度密切相关的，踏板高度与宽度之比即可构成楼梯坡度。如公共建筑中的楼梯和室外的台阶，经常使用 26°～34° 的坡度，即踏板高度与踏板宽度之比为 1 ：2。室内楼梯的踏板宽度应不小于 240mm，一般在 280mm 最为舒适。踏板高度应不高于 200mm，一般在 180mm 最为舒适。而且各个踏板高度与踏板宽度应该是一致的，否则容易使人摔倒。

踏板高度常以 $h$ 表示，踏板宽度常以 $b$ 表示，在民用建筑中，楼梯踏板的最小宽度与最大高度的限制值见表 1–1。

**楼梯踏板最小宽度和最大宽度（mm）** 表1–1

| 楼梯类别 | 最小宽度$b$ | 最大高度$h$ |
|---|---|---|
| 住宅公用楼梯 | 250（260～300） | 180（150～175） |
| 幼儿园、小学楼梯 | 260（260～280） | 150（120～150） |
| 医院、疗养院等楼梯 | 280（300～350） | 160（120～150） |
| 中学、高校、办公楼等楼梯 | 260（280～340） | 170（140～160） |
| 剧院、会堂等楼梯 | 220（300～350） | 200（120～150） |

注：（ ）内为常用尺寸范围。

### 1.2.4 楼梯净空高度的设计

楼梯的净空高度指平台下或梯段下，人通行的位置应具有一定的高度。为保证楼梯通行和搬运货物时不受影响，按照相关规范规定，楼梯平台部位的净高应大于 2m；在梯段部位应大于 2.2m。

### 1.2.5 楼梯尺寸的设计

设计楼梯主要是解决楼梯梯段和平台的设计，而梯段和平台的尺寸与楼梯间的开间、进深和层高有关，如图 1–15 所示。

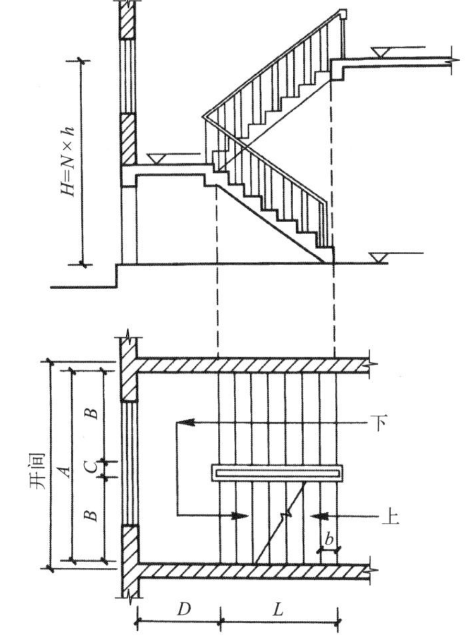


图 1–15 楼梯尺寸的确定

(1) 梯段宽度与平台宽度的计算

梯段宽 $B$：

$$B=\frac{A-C}{2} \qquad (1\text{–}1)$$

式中 $A$——开间净宽；

$C$——两梯段之间的缝隙宽，考虑消防、安全和施工的要求，$C$=60mm ~ 200mm。

平台宽 $D$：$D \geqslant B$。

(2) 踏板的尺寸与数量的确定

$$N=\frac{H}{h} \qquad (1\text{–}2)$$

式中 $H$——层高；

$h$——踏板高。

(3) 梯段长度计算

梯段长度取决于踏板数量。当 $N$ 已知后，对两段等跑的楼梯梯段长 $L$ 为：

$$L=\left(\frac{N}{2}-1\right)b \qquad (1\text{–}3)$$

式中 $b$——踏板宽。

### 1.2.6 楼梯设计的一般步骤

在对建筑物的楼梯进行设计时，首先要确定楼梯所在的位置，然后再按照以下步骤进行设计：

(1) 选择楼梯的平面转折关系及其层间梯段数

在建筑物的层高及平面布局已定的情况下，楼梯的平面转折关系由楼梯所在的位置及交通的流线决定。楼梯在层间的梯段数必须符合交通流线的需要，而且每个梯段的踏板总数应该在规范要求的范围内。

图 1–16 依次表示的是底层、中间层和顶层楼梯平面的表示方法。从中可以反映出楼梯的基本布局及其转折的关系。按照制图规范，平面图的剖切位置

默认为是站在该层平面上的人眼的高度，因此在楼梯的平面图上会有 45° 折断线。

在底层楼梯平面中，一般只有上行段，45° 折断线将梯段在人眼的高度处截断；中间层楼梯的上行段表示法同底层，下行段的水平投影线的可见部分至上行段的 45° 折断线处为止；顶层楼梯因为只有向下行一个方向，所以不会出现 45° 折断线。

无论是底层楼梯、中间层楼梯还是顶层楼梯，都必须用箭头标明上下行的方向，注明清楚上行或下行，而且必须从每层楼层平台处开始标注。

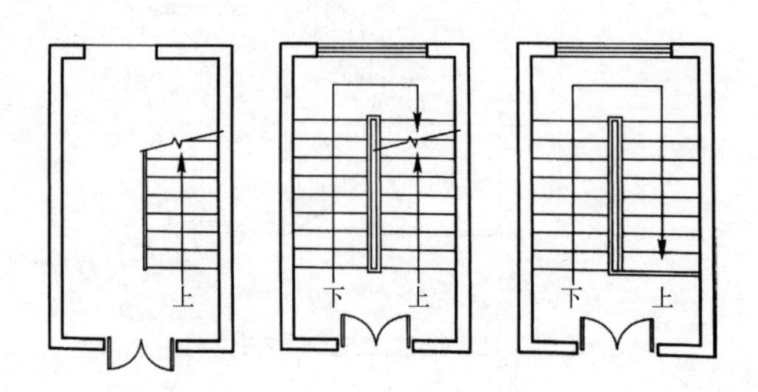


图 1–16　平面表示法

(2) 按照规范要求通过试商决定层间的楼梯踏板数

根据所设计建筑物的性质，用规范所规定的楼梯踏板高度的上限来对建筑层高进行试商，经调整可以得出层间的楼梯踏板总数。将其分配到各个梯段中，就可以得出梯段的长短。

由于梯段与平台之间也存在一个踏板的高差，因此在楼梯平面图中，应该将一条线看成是一个高差，如果某梯段有 $n$ 个踏板的话，该梯段的长度为踏板宽度 $b\times(n-1)$。

如果整个建筑物的各层层高有变化，则不同的梯段间踏板的踏板高度可略有不同，但差别只能在几毫米的范围内，否则会影响其安全使用。而且每一个梯段中各个踏板的高度应该一致。

对于螺旋楼梯和旋转楼梯这样踏板两端宽度不一，特别是内径较小的楼梯来说，为了行走的安全，往往需要将梯段的宽度加大。即当梯段的宽度＜1100mm 时，以梯段的中线为衡量标准；当梯段的宽度＞1100mm 时，以距其内侧 500～550mm 处为衡量标准来作为踏板的有效宽度。

(3) 决定整个楼梯间的平面尺寸

根据楼梯在紧急疏散时的防火要求，部分楼梯往往需要设置在符合防火规范要求的封闭楼梯间内。楼梯间的净宽度为除去墙厚以外，梯段总宽度及中间的楼梯井宽度之和，楼梯间的长度为平台总宽度与最长的梯段长度之和。其计算基础是符合规范规定的梯段的设计宽度以及层间的楼梯踏板数。

此外，当楼梯平台通向多个出入口或有门向平台方向开启时，楼梯平台的深度应考虑适当加大。如果梯段需要设两道及以上的扶手或扶手按照规定必须伸入平台较长距离时，也应考虑扶手设置对楼梯和平台净宽的影响。

（4）用剖面来检验楼梯的平面设计

楼梯在设计时必须单独进行剖面设计来检验其通行的可能性，尤其是检验与主体结构交汇处有无构件安置方面的冲突，以及下面的净空高度是否符合规定要求。如果发现问题，应当及时修改。

楼梯尺度见二维码 1–4。

二维码 1–4　楼梯尺度

### 1.2.7　案例

#### ［案例 1］　普通多层楼梯设计

1. 题目：为图 1–17 所示的普通多层住宅的楼梯间平面设计楼梯。建筑层高为 2800mm，墙厚 200mm，室内外高差 600mm。

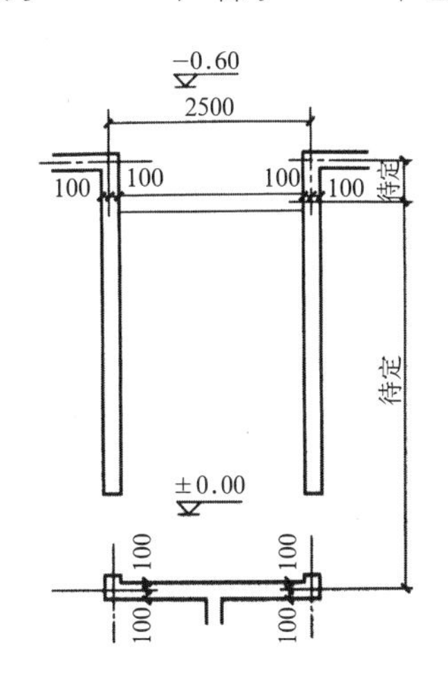


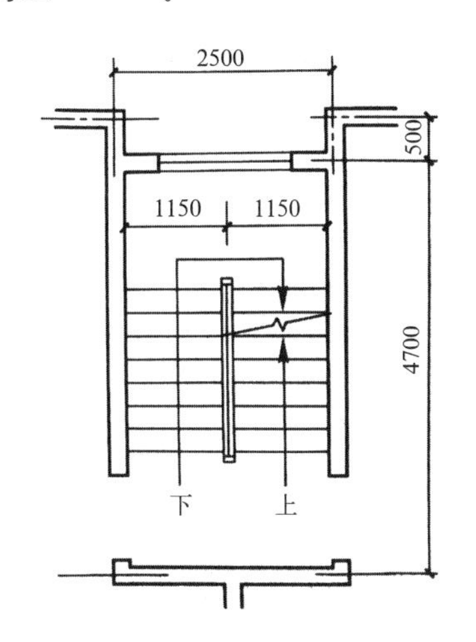


图 1–17　楼梯间平面（左）
图 1–18　标准层平面图（右）

2. 设计方案：

图 1–17 所示的普通多层住宅的楼梯间平面，建筑层高为 2800mm，墙厚 200mm，室内外高差 600mm。通过计算选择可以确定其踏板尺寸为 175mm×260mm，层间共两跑，对折楼梯，每跑 8 步，梯段宽 1150mm（计算到扶手中心线为 1100mm）。从而得出标准层楼梯间轴线尺寸为 2500mm×4700mm（图 1–18）。

但是由于底层两户居民必须通过楼梯间进入户内，因此交通流线可以选择从室外用直跑楼梯直接通往二层，让出楼梯间一半的通道来给底层居民使用（图 1–19）；或者选择所有的居民都先进入底层楼梯间，再分别上楼或者进入底层户内（图 1–20）。

#### ［案例 2］　学生宿舍楼梯设计

1. 题目：某学生宿舍楼的层高为 3000mm，楼梯间开间尺寸 4000mm，进深尺寸 6600mm。楼梯平台下作出入口，室内外高差 500mm，试设计楼梯。

2. 设计方案：

（1）据题意确定楼梯为双跑式楼梯。

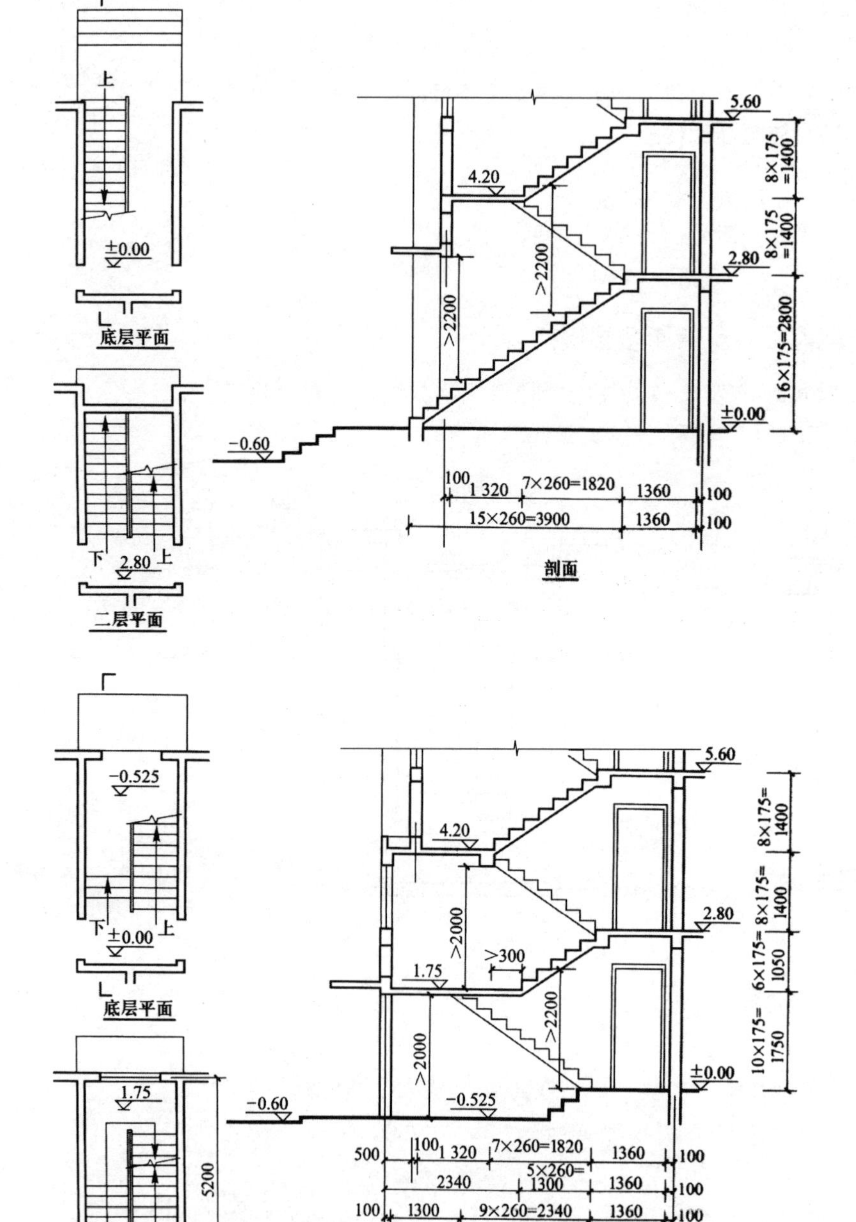


图 1–19　底层用直跑楼梯方案

图 1–20　底层进门后再上楼梯方案

(2) 确定踏步尺寸。该建筑为一学生宿舍，楼梯通行人数较多，楼梯的坡度应平缓些，初选踏板高为 150mm，踏板宽 300mm。

(3) 确定楼梯宽度。据开间尺寸 4000mm，减去两个半墙厚 120mm × 2 和楼梯井宽 60mm。计算出楼梯段的宽度，即：

$B=(4000-120\times2-60)/2=1850\text{mm}>550\times2=1100\text{mm}$

楼梯段宽度满足通行两股人流的要求。

（4）确定踏板级数。房屋的层高除以踏板高：3000/150=20 级。初步确定为等跑楼梯，每个楼梯段的级数为 20/2=10 级。

（5）确定平台宽度。平台宽要大于等于楼梯段宽。即楼梯平台宽 $D \geqslant$ 1850mm。

（6）确定楼梯段的水平投影长度，验算楼梯间进深尺寸是否够用。此时注意第一级踏板起跑位置，距走廊或门口边要有规定的过渡空间（550mm）。

$300 \times (10-1)+1850+550=5100\text{mm} < 6600-120 \times 2=6360\text{mm}$

（7）进行楼梯净空高度计算。首层平台下净空高度等于平台标高减去平台梁高，考虑平台梁高为 350mm 左右。

$150 \times 10-350=1150\text{mm}$。不满足 2000mm 的净空要求，采取两种措施：一是将首层楼梯做成不等跑楼梯，第一跑为 13 级，第二跑为 7 级；二是利用室内外高差，本例室内外高差为 500mm，由于楼梯间地坪和室外地面还必须有至少 50mm 的高差，故利用 450mm 高差，设 3 个踏板高为 150mm 的踏板。此时平台梁下净空高度为：$150 \times 13+450-350=2050\text{mm}$，满足净空要求。下面进一步验算进深尺寸是否满足要求：$300 \times (13-1)+1850+550=6000 < 6600-120 \times 2=6360\text{mm}$。

# 2

## 2 楼梯

# 2.1 木楼梯

**学习目标：**

通过本章节的学习掌握常见木楼梯的材料、构造及安装施工工艺，能进行木楼梯的施工质量验收，并对施工质量缺陷进行原因分析和提出修改措施。

## 2.1.1 材料认知

木材的应用具有悠久的历史，它具有便于就地取材、容易加工、施工方便、装饰性强等优点，在民用建筑中广泛应用。但木材还有易变形、易腐蚀、防火性能差等缺点，因此木质材料的楼梯在小型的空间中比较常见，在大型空间中应用较少。

1. 木材的基本知识

树木种类繁多，一般按照树种分为针叶树和阔叶树两种。针叶树一般纹理通直、材质较松、易于加工，也称为软材。在建筑装饰工程中使用到的针叶类树木主要有红松、白松、马尾松、落叶松、杉木、柏木等。阔叶树材质一般比较坚硬，刨削后表面光泽、纹理美丽、耐磨度好，也称为硬材。在建筑装饰工程中使用到的阔叶类树木主要有水曲柳、柚木、桦木、椴木、核桃楸、柞木等。

(1) 红松（果松、海松）

材质特点：边材黄褐或黄白，心材红褐，年轮明显均匀，纹理直，结构中等，材质软。

性能特点：干燥加工性能良好，风吹日晒不易开裂变形，松脂多，耐腐朽。

(2) 白松（臭冷杉）

材质特点：边材与心材区别不明显，均为淡黄带白，年轮明显，结构粗，纹理直，硬度软。

性能特点：强度低，富弹性，易加工但不易刨光，易开裂变形，不耐腐。

(3) 樟子松（蒙古赤松）

材质特点:边材黄或白，心材浅黄褐，年轮明显，材质结构中等，纹理直，硬度软。

性能特点：干燥性能尚好，耐久性强，易加工，但不易磨损。

(4) 陆均松（泪杉）

材质特点：边材浅黄褐，心材浅红褐，材质结构中等，硬度软，纹理直。

性能特点：干燥性能好，韧性强，易加工，较耐久。

(5) 杉木（沙木）

材质特点：边材浅黄褐，心材浅红褐至暗红褐，年轮明显、均匀，材质结构中等，纹理直，硬度软。

性能特点：干燥性能好，韧性强，易加工，较耐久。

(6) 四川红杉

材质特点：边材黄褐，心材红至鲜红褐，年轮明显，材质结构中等，纹理直，硬度软。

性能特点：易干燥，易加工，不耐腐。

(7) 椴木

材质特点：边材与心材区别不明显，均为黄白略带淡褐，年轮略明显，材质结构细，纹理直，硬度软。

性能特点：加工性能好，有光泽，时有翘曲，不易开裂，但不耐腐。

(8) 桦木

材质特点：边材与心材区别不明显，均为黄白微红，年轮略明显，材质结构中等，纹理直或斜，硬度硬。

性能特点：力学强度高，富弹性，干燥过程中易开裂翘曲，加工性能好，但不耐腐。

(9) 水曲柳

材质性能：边材黄白色，心材褐色略黄，年轮明显不均匀，结构中等，材质光滑，花纹美丽。

性能特点：富弹性、韧性，耐磨，耐湿，干燥困难，易翘裂。

(10) 柞木（蒙古栎、橡木）

材质性能：边材淡黄白带褐，心材褐至暗褐，年轮明显不均匀，结构中等，材质光滑，花纹美丽。

性能特点：耐水、耐腐蚀，耐磨性好，加工困难，干燥困难，易开裂翘曲。

(11) 白皮榆

材质特点：边材黄褐，心材暗红褐，年轮明显，结构粗，纹理直，花纹美丽，硬度中等。

性能特点：加工性能良好，光泽美，但干燥时易开裂翘曲。

(12) 核桃楸（楸木、胡桃楸）

材质特点：边材较窄，灰白带褐，心材浅褐色稍带紫，年轮明显，结构中等，硬度中等，花纹美丽。

性能特点：富弹性，干燥不易开裂、翘曲变形，耐腐蚀。

(13) 柚木

材质特点：边材淡褐，心材黄褐至深褐，年轮明显，材质结构中等，纹理直或斜，硬度甚硬，花纹美丽。

性能特点：耐磨损，耐久性强，干燥收缩小，不易变形，涂饰及胶接容易。

(14) 柳桉

材质特点：边材淡灰至红褐，心材淡红至暗红褐，年轮不明显，材质结构中至粗，纹理直或斜交错，硬度中等。

性能特点：易加工，干燥过程中稍有翘裂现象，胶结性良好。

（15）橡胶木

材质特点：浅黄褐色或微红色的散孔材，表面色泽均匀一致，结构细致，重量较轻，硬度适中。

性能特点：切削容易，切面光滑；胶粘容易，握钉力强，不劈裂；没有宽榭线，无银光花纹。

2. 针叶树、阔叶树锯材尺寸，见表 2–1。

**锯材尺寸** **表2–1**

| 分类 | 针叶树 | | 阔叶树 | |
|---|---|---|---|---|
| | 厚度/mm | 宽度/mm | 厚度/mm | 宽度/mm |
| 薄板 | 12，15，18，21 | 60～300 | 12，15，18，21 | 60～300 |
| 中板 | 25，30，35 | 60～300 | 25，30，35 | 60～300 |
| 厚板 | 40，45，50，60 | 60～300 | 40，45，50，60 | 60～300 |

3. 自然生长的树木在成材的过程中，会受到虫害、生长、自然破坏等因素的影响，因此木材上经常有一些缺陷，这些缺陷在一定的程度上是没有问题的，但损伤比较严重，会影响木材的使用。常见的木材缺陷有以下几种：

（1）节子（图 2–1）。包含在树干或主枝木材中的枝条部分，称为节子。按木节质地及和周围木材结合的程度可分为活节、死节和漏节。节子破坏了木材构造的均匀性和完整性，不仅影响木材表面的美观和加工性质，更重要的是降低了木材的强度。

（2）虫害（图 2–2）。各种昆虫在木材上所蛀蚀的孔道叫虫孔或虫眼。虫眼可分为表皮虫沟、小虫眼和大虫眼。表皮虫沟：昆虫蛀蚀木材的深度不足 10mm 的虫沟；小虫眼：指虫孔的最大直径不足 3mm；大虫眼：指虫孔的最小直径在 3mm 以上。虫害对材质有一定的影响，不仅降低了力学性能而且还给木材带来病害，因此必须加以限制，防治虫害。一般将木材进行药剂处理，可以使虫类不能生长繁殖。

（3）裂纹。木材纤维与纤维之间的分离所形成的裂隙称为裂纹。裂纹按类型分为经裂、轮裂和干裂。在心材内部，从髓心沿半径方向开裂的裂纹叫

图 2–1 漏节（左）
图 2–2 大虫眼（右）

经纹；沿年轮方向开裂的裂纹叫轮纹，轮纹又分为环裂和弧裂两种；由于木材干燥不均而产生的裂纹叫干裂。裂纹能破坏木材的完整性，影响木材的作用和装饰价值，降低木材强度。在保管不良的情况下，还会引起木材的变色和腐朽。

（4）斜纹。木材中纤维排列与纵轴方向不一致所出现的倾斜纹理称为斜纹。锯材的斜纹除由圈材的天然斜纹所造成外，如下锯方法不合理，通直的树干也会加工成斜纹锯材，这种斜纹叫人工斜纹。斜纹对材质的影响主要是降低木材的强度，有斜纹的圆木干燥时容易开裂，有斜纹的板材干燥时容易翘曲并降低强度。

（5）腐朽（图 2–3）。木材由于木腐菌的侵入，逐渐改变其颜色和结构，使细胞壁受到破坏，物理、力学性质随之发生变化，最后变得松软易碎，成筛孔状或粉末状等形状，此种形状称为腐朽。腐朽严重影响木材的物理力学性能，使木材重量减轻，吸水性增大，强度降低。尤其是褐腐后期，木材强度基本为零，故在建筑工程中不允许使用腐朽的木材。

（6）髓心（图 2–4）。髓心在树干断面上第一年轮的中间部分，由脆弱的薄壁细胞组织所构成，呈不同形状，多数为圆形或椭圆形，直径约 20～50mm，其颜色为褐色或较周围颜色浅淡。具有髓心的木材，其强度均较低，且干燥时容易开裂。

图 2–3　心材腐朽（左）
图 2–4　髓心（右）

（7）弯曲（图 2–5）。弯曲是指树干的轴线不在一条直线上，向任何方向偏离两个端面中心的连线。弯曲一般分为单面弯曲和多面弯曲两种。单面弯曲为木材上只有一个方向的弯曲；多面弯曲为木材上同时存在几个不同方向的弯曲。

（8）霉菌变色（图 2–6）。霉菌变色是指在潮湿的边材表面，由霉菌的菌丝体和孢子体侵染所形成的颜色变化。木材的颜色因菌丝体和孢子体的颜色以及其所分泌的色素等的不同而有所差异，有白色、黄色、蓝色、绿色、黑色、紫色、红色等不同颜色，通常呈分散的斑点状或密集的薄层。见于所有树种的伐倒木、储存中的木材以及木制品，部分树种如杨木产生的霉菌变色非常严重，一般局限于边材表面。

（9）夹皮（图 2–7）。夹皮是立木的局部受到伤害后（如鸟类啄食、昆虫侵蚀），形成层死亡而停止分生活动，但周围的组织仍继续生长，将受伤部分全部或局部包入树干中形成的缺陷。夹皮分为内夹皮和外夹皮两种。内夹皮是树皮枯死部分完全被生长着的木质部所包含的夹皮；外夹皮是树皮受伤部分的两边尚未完全愈合的夹皮。

鉴于以上木材存在的问题，我们在挑选楼梯用木料时，要使用合格的木板，避免使用缺陷较多的材料。

图 2–5 弯曲

4. 木楼梯选用的木材

《居住建筑套内用木质楼梯》LY/T 1789—2008 中规定，实木楼梯常用的树种有山毛榉、枫木、柚木、香脂木豆、香二翅豆、榆木、柳桉、甘巴豆、交趾油楠、水青冈、栎木、橡胶木等。

图 2–6 霉菌变色

木楼梯所使用的木材，由于板材较厚，容易变形，所以现在制作实木楼梯的材料一般为集成材。木板的厚度在 24～32mm 左右，采用小块板材指节集成，克服了木材的各种缺陷，耐久性好。

木材在插接的过程中要使用到胶粘剂，因此在规范中规定：原材料质量应符合相应的国家标准和行业标准合格品以上的要求，甲醛释放量应达到《室内装饰装修材料 人造板及其制品中甲醛释放限量》GB 18580—2017 中 E1 级的相应要求。木质材料所使用的胶粘剂应为 Ⅰ 类胶。

图 2–7 外夹皮

与使用者接触的部分应采用不产生伤害或阻滞的设计，如避免尖角、毛刺、粗糙的边缘等。

规范要求木质部件的外观质量要满足表 2–2 的要求。

**木材外观质量要求** **表2–2**

| 检验项目 | | | 正面 | 其他面 |
|---|---|---|---|---|
| 材质要求 | 活节 | 最大单个直径/mm | 直径≤10，每500cm²内不多于5个 | 尺寸和个数不限 |
| | 死节 | 最大单个直径/mm | 4，不允许脱落 | 直径≤20，个数不限 |
| | 孔洞（含虫孔） | 最大单个直径/mm | 4，需修补 | 允许 |
| | 夹皮 | 最大单个直径/mm | 10，且单个最大宽度小于2 | 允许需修补 |

续表

| 检验项目 | | | 正面 | 其他面 |
|---|---|---|---|---|
| 材质要求 | 树脂囊和树脂道 | 最大单个直径/mm | 5，且最大宽度小于2 | 允许 |
| | 腐朽 | 不超过板面积/% | 不允许 | |
| | 变色 | 不超过板面积/% | 20，板面色泽要基本一致 | 允许 |
| | 裂缝 | 最大单个宽度/mm | 不允许 | |
| 加工缺陷要求 | 离缝 横拼 | 最大单个宽度/mm | 0.5，最大单个长度不超过板长的20% | 30%需修补 |
| | 离缝 纵拼 | 最大单个宽度/mm | 0.5 | 需修补 |
| | 鼓泡、分层 | — | 不允许 | 不允许 |
| | 凹陷、压痕、鼓包 | 最大单个面积/$mm^2$ | 不明显 | 需修补 |
| | 毛刺沟痕 | 不超过板面积/% | 2 | 10 |
| | 透胶、板面污染 | — | 1 | 10 |
| | 刀痕、划痕 | — | 不允许 | 需修补 |
| | 边、角缺损 | — | 不允许 | 需修补 |
| 漆膜要求 | 鼓泡 | $\phi \leq 0.5$mm | 单面不超过5个 | 15 |
| | 针孔 | $\phi \leq 0.5$mm | 单面不超过5个 | 允许 |
| | 皱皮 | 不超过板面积/% | 5 | 15 |
| | 粒子 | — | 不明显 | 允许 |
| | 漏漆 | — | 不允许 | |

注：1.凡在外观质量检验环境条件下，不能清晰地观察到的缺陷即为不明显。
2.倒角上的漆膜粒子不计。
3.双方协商对特征处理不作为本表要求。

5.木材常用钉固材料

在木楼梯施工中常用的钉固材料主要有各类胶粘剂和圆钉、排钉、木螺钉及水泥钉等钉固材料。

木材加工中使用的胶粘剂品种很多，天然胶料有动物胶如皮胶、骨胶、鱼胶等，植物蛋白胶，如豆胶、酪素胶等；合成树脂胶有聚醋酸乙烯树脂胶（又称白乳胶）、酚醛树脂胶、脲醛树脂胶等。各种胶粘剂的特征、性能及使用范围，见表2–3。

**各种胶粘剂的性能、特征及适用范围　　表2–3**

| 性能＼品种 | 聚醋酸乙烯乳液 | 酚醛胶 | 脲醛胶 | 皮、骨胶 | 酪素胶 |
|---|---|---|---|---|---|
| 外观 | 乳白色稠厚液体 | 褐色液体 | 浅黄色液体 | 琥珀色液体 | 淡黄色粉末 |
| 溶剂 | 水 | 水、醇 | 水 | 水 | 水 |
| 树脂含量（商品） | 40%～50% | 40%～60% | 45%～70% | 100% | 100% |
| 树脂含量（使用中） | 40%～50% | 40%～60% | 45%～70% | 33%～40% | 33%～40% |

续表

| 性能＼品种 | 聚醋酸乙烯乳液 | 酚醛胶 | 脲醛胶 | 皮、骨胶 | 酪素胶 |
|---|---|---|---|---|---|
| 配制 | 原液或稀释 | 原液：固化剂=10：1 | 原液：固化剂=10：1 | 1.5～3倍水60℃溶解 | 1.5～2倍水加碱溶解 |
| 涂胶量/g/m² | 120～200 | 100～150 | 120～200 | 150～250 | 150～200 |
| 晾置/min | 0～15 | 0～10 | 0～20 | 0～1 | 0～40 |
| 陈放/min | 0～20 | 0～20 | 0～40 | 0～1 | 0～120 |
| 压紧力/MPa | 0.2～0.5 | 0.5～1.5 | 0.5～1.5 | 0.2～0.5 | 0.5～1.5 |
| 压紧时间/*h* | 0.5～2 | 6～12 | 4～12 | 0.5～2 | 6～12 |
| 使用难易 | 易 | 稍难 | 易 | 稍难 | 易 |
| 污染性 | 无 | 大 | 无 | 中 | 大 |
| 耐水性 | 可 | 优 | 良 | 劣 | 可 |
| 耐热性/℃ | 70～80 | 100～120 | 100 | 70～80 | 80～90 |
| 应用范围 | 室内 | 室内外 | 室内 | 室内 | 室内 |

各类金属钉固材料是木工加工与制作中，不可缺少的连接材料。常用到的圆钉、排钉、木螺钉及水泥钉等，有各种尺寸和标准。在这些钉固材料的采购中，一般以称重的方式进行。下面的表2–4～表2–7列出了常用的钉固材料的规格、重量及用途。

**圆钉的规格及用途** **表2–4**

| 钉号 | 钉长/mm | 钉身直径/mm | | | 每千克大约个数 | | | 特点与用途 |
|---|---|---|---|---|---|---|---|---|
| | | 重型 | 标准 | 轻型 | 重型 | 标准 | 轻型 | |
| 1 | 10 | 1.2 | 1.0 | 0.9 | 11000 | 15600 | 19200 | 圆钉的钉固工具简单、使用方便，适用于用钉量较少的场合和大块木料的连接 |
| 1.5 | 15 | 1.4 | 1.2 | 1.0 | 5400 | 7250 | 10400 | |
| 2 | 20 | 1.6 | 1.4 | 1.2 | 3090 | 4000 | 5420 | |
| 2.5 | 25 | 1.8 | 1.6 | 1.4 | 1960 | 2450 | 3210 | |
| 3 | 30 | 2.0 | 1.8 | 1.6 | 1310 | 1620 | 2030 | |
| 3.5 | 35 | 2.2 | 2.0 | 1.8 | 943 | 1120 | 1380 | |
| 4 | 40 | 2.5 | 2.2 | 2.0 | 641 | 820 | 990 | |
| 4.5 | 45 | 2.8 | 2.5 | 2.2 | 451 | 565 | 724 | |
| 5 | 50 | 3.2 | 2.8 | 2.5 | 312 | 407 | 505 | |
| 6 | 60 | 3.4 | 3.2 | 2.8 | 230 | 258 | 327 | |
| 7 | 70 | 3.6 | 3.4 | 3.2 | 190 | 198 | 223 | |
| 8 | 80 | 4.2 | 3.8 | 3.4 | 114 | 141 | 173 | |
| 9 | 90 | 4.5 | 4.2 | 3.8 | 88.4 | 101 | 123 | |
| 10 | 100 | 5.0 | 4.5 | 4.2 | 64.5 | 79.2 | 90 | |
| 12 | 120 | 5.6 | 5.0 | 4.5 | 43.2 | 53.5 | 65.8 | |

**水泥钉的规格及用途** **表2–5**

| 钉号 | 钉身尺寸/mm | | 每千个钉约重/kg | 特点与用途 |
|---|---|---|---|---|
| | 长度 | 直径 | | |
| 7 | 101.6 | 4.57 | 13.38 | 水泥钉强度高，硬度好，并具有良好的韧性，可直接钉入硬木、砖体、低标号混凝土及薄钢板等硬质基体中 |
| 7 | 76.2 | 4.57 | 10.11 | |
| 8 | 76.2 | 2.49 | 8.55 | |
| 8 | 63.5 | 2.49 | 7.17 | |
| 9 | 50.8 | 3.76 | 4.73 | |
| 9 | 38.1 | 3.76 | 3.62 | |
| 9 | 25.4 | 3.76 | 2.51 | |
| 10 | 50.8 | 3.40 | 3.92 | |
| 10 | 38.1 | 3.30 | 3.01 | |
| 10 | 25.4 | 3.40 | 2.11 | |
| 11 | 38.1 | 3.05 | 2.49 | |
| 11 | 25.4 | 3.05 | 1.76 | |
| 12 | 38.1 | 2.77 | 2.10 | |
| 12 | 25.4 | 2.77 | 1.40 | |

**木螺钉的规格及用途** **表2–6**

| 直径/mm | 开槽木螺钉钉长/mm | | | 十字槽木螺钉 | | 特点与用途 |
|---|---|---|---|---|---|---|
| | 沉头 | 半沉头 | 圆头 | 十字槽号 | 钉长/mm | |
| 1.6 | 6～12 | 6～12 | 6～12 | — | — | 木螺钉用于在木质制品上紧固金属零件等，如合页、插销、门锁、拉手等。沉头适用于要求钉头不露出制品表面之处；半沉头略微露出制品表面，有一定的装饰作用；圆头只用于允许钉头露出制品表面之处 |
| 2 | 6～16 | 6～16 | 6～14 | 1 | 6～16 | |
| 2.5 | 6～25 | 6～25 | 6～22 | 1 | 6～25 | |
| 3 | 8～30 | 8～30 | 8～25 | 2 | 8～30 | |
| 3.5 | 8～40 | 8～40 | 8～38 | 2 | 8～40 | |
| 4 | 12～70 | 12～70 | 12～65 | 2 | 12～70 | |
| (4.5) | 16～85 | 16～85 | 14～80 | 2 | 16～85 | |
| 5 | 18～100 | 18～100 | 16～90 | 2 | 18～100 | |
| (5.5) | 25～100 | 30～100 | 22～90 | 3 | 25～100 | |
| 6 | 25～120 | 30～120 | 22～120 | 3 | 25～120 | |
| (7) | 40～120 | 40～120 | 38～120 | 3 | 40～120 | |
| 8 | 40～120 | 40～120 | 38～120 | 4 | 40～120 | |
| 10 | 75～120 | 70～120 | 65～120 | 4 | 70～120 | |

**排钉的规格及用途** **表2-7**

| 规格 | 钉身尺寸/mm | | 每千个钉约重/kg | 特点与用途 |
|---|---|---|---|---|
| | 长度 | 直径 | | |
| 25 | 25 | 1.6 | 0.36 | 排钉一般100～200颗为一排。排钉需用专用气动排钉枪钉装，可以连续打钉，钉装速度快，不会出现钉帽外露现象，使用方便。广泛用于现代装饰工程中 |
| 30 | 30 | 1.8 | 0.55 | |
| 40 | 40 | 2.2 | 1.08 | |
| 45 | 45 | 2.5 | 1.52 | |
| 50 | 50 | 2.8 | 2.00 | |
| 60 | 60 | 2.8 | 2.40 | |
| 90 | 90 | 3.7 | 6.13 | |
| 120 | 120 | 4.5 | 14.30 | |

6. 木材的防火材料

木材在建筑装饰材料的燃烧等级划分中为 B2 级，是易燃材料。B2 级材料在室内装饰的应用中，应做防火处理。在实际工程中，防火涂料的种类很多，有溶剂型的，也有水乳型的。主要通过表面浸渍或涂刷，达到防火的目的。由于防火涂料的品种很多，且都是化合材料，因此在应用前需详细阅读使用说明，按照规定操作施工，才能达到预期的防火效果。表 2-8 介绍了几种防火涂料的品种和特性，以供参考。

**木材常用防火涂料一览表** **表2-8**

| 类别 | 名称 | 防火特性 | 适用范围 |
|---|---|---|---|
| 溶剂型 | A60-1型改性氨基膨胀防火涂料 | 遇火生成均匀致密的海绵状泡沫隔热层，防止初期火灾和减缓火灾蔓延扩大 | 高层建筑、商店、影剧院、地下工程等可燃部位防火 |
| | A60-501膨胀防火涂料 | 涂层遇火体积迅速膨胀100倍以上，形成连续的蜂窝状隔热层，并释放出阻热气体，具有优异的阻燃隔热效果 | 广泛用于木板、纤维板、胶合板等作防火保护 |
| | A60-KG型快干氨基膨胀防火涂料 | 遇火膨胀生成均匀致密的泡沫状碳质隔热层，有极好的隔热阻燃效果 | 公共建筑、高层建筑、地下建筑等有防火要求的场所 |
| | AE60-1膨胀型透明防火涂料 | 涂膜透明光亮，能显示基材原有纹理，遇火时涂膜膨胀发泡，形成防火隔热层，既有装饰性，又具防火性 | 广泛用于各种木质构件、纤维板、胶合板以及家具的防火保护和装饰 |
| 水乳型 | B60-1膨胀型丙烯酸水性防火涂料 | 在火焰和高温作用下，涂层受热分解，放出大量灭火性气体，抑制燃烧。同时涂层膨胀发泡，形成隔热层，阻止火势蔓延 | 公共建筑、宾馆、学校、医院、商场等建筑的木质构件、纤维板、胶合板的表面防火保护 |
| | B60-2木结构防火涂料 | 遇火时涂层发生反应，构成绝热的碳化涂膜 | 建筑物木质构件以及纤维板、胶合板构件的表面防火阻燃处理 |

7. 木材的防腐、防虫处理

木材会受到真菌、微生物和白蚁侵蚀。一些木材，因生长环境的影响，具有抵抗侵蚀的能力，但大部分树种没有抵抗的能力，需要人为的保护。

微生物、白蚁和真菌需要的生存条件无非是水、空气、适当的温度以及食物。经过防腐处理的木材断绝了它们的食物来源，从而使木材构建的产品寿命更长，质量更加可靠。表 2–9 介绍了几种防腐、防虫材料，仅供参考。

**木材常用防腐涂料一览表** **表2–9**

| 类别 | 名称 | 特性 | 适用范围 |
|---|---|---|---|
| 水溶性 | 氟酚合剂 | 不腐蚀金属、不影响油漆，遇水较易流失 | 室内不受潮的木构件的防腐及防虫 |
| | 硼酚合剂 | 不腐蚀金属、不影响油漆，遇水较易流失 | 室内不受潮的木构件的防腐及防虫 |
| | 硼铬合剂 | 无臭味，不腐蚀金属、不影响油漆，遇水较易流失，对人畜无毒 | 室内不受潮的木构件的防腐及防虫 |
| | 氟砷铬合剂 | 无臭味，不腐蚀金属、不影响油漆，遇水较不易流失，毒性较大 | 防腐及防虫效果良好，但不应用于与人经常接触的木构件 |
| | 钢铬砷合剂 | 无臭味，不腐蚀金属、不影响油漆，遇水不易流失，毒性较大 | 防腐及防虫效果良好，但不应用于与人经常接触的木构件 |
| 油溶性 | 五氯酚、林丹合剂 | 不腐蚀金属、不影响油漆，遇水不易流失，对防火不利 | 用于易腐朽的木材，虫害严重地区的木结构 |
| 油类 | 混合防腐油（或蒽油） | 有恶臭，木材处理后呈黑褐色，不能油漆，遇水不易流失，对防火不利 | 用于经常受潮或与砌体接触的木构件的防腐和防白蚁 |
| | 强化防腐油 | 有恶臭，木材处理后呈黑褐色，不能油漆，遇水不易流失，对防火不利 | 用于经常受潮或与砌体接触的木构件的防腐和防白蚁，效果好 |
| 浆膏 | 氟砷沥青浆膏 | 有恶臭，木材处理后呈黑褐色，不能油漆，遇水不易流失 | 用于经常受潮或处于通风不良情况下的木构件的防腐和防白蚁 |

## 2.1.2 木楼梯的构造

木楼梯一般用于室内楼梯，由于材料的特性，多采用梁板式构造。木楼梯的设计方法与其他楼梯形式一样。一般采用现场测量、确定楼梯形式、设计楼梯、工厂加工、实地装配的方式进行安装。

梁板式木楼梯由梯斜梁和踏板组成。一般采用正梁式梯段，在踏板两端各设一根梯斜梁，踏板板支撑在梯斜梁上。由于构件小型化，不需大型起重设备即可安装，施工简便。

踏板断面形式有“一”字形、“L”形、三角形等，根据踏板的形式不同，梯斜梁也略有差异（图 2–8）。三角形的踏板，使用直形的梯斜梁；“一”字形和“L”形的踏板，使用锯齿形的梯斜梁。木楼梯的休息平台处和与楼梯洞口连接处，均设平台梁一根，以起到支撑和固定的作用。

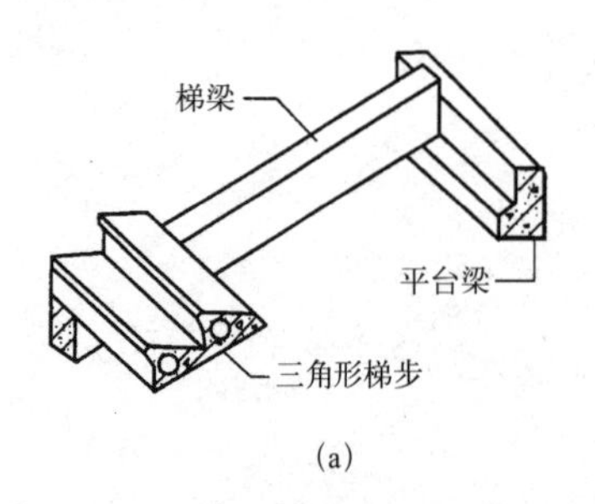


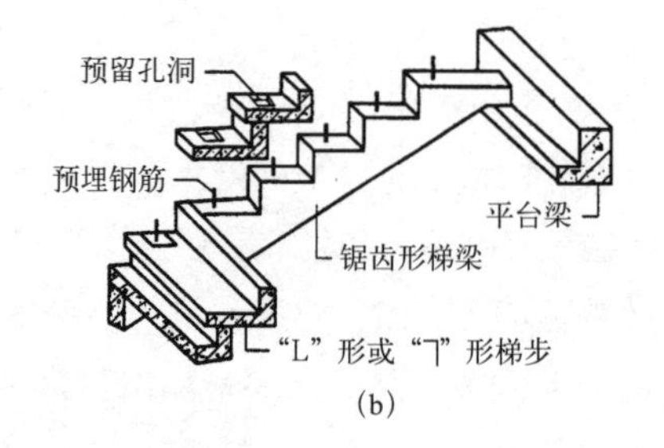


图 2–8　楼梯斜梁的形式
(a) 直形斜梁；
(b) 锯齿形斜梁

1. 踏板与楼梯斜梁的连接

踏板与楼梯斜梁采用搁置式连接方式，踏板与斜梁之间可设置预埋件，起到连接固定的作用。

2. 平台梁与楼梯斜梁的连接

平台梁与楼梯斜梁采用钉接的方式。这两个构件都是受力构件，在结构中起到骨架支撑的作用，因此它们的连接必须牢固。如果洞口周围没有梁或墙（柱），平台梁需与楼板连接时，楼板则需要采取一定的加固措施。

3. 平台梁与楼梯洞口的连接

平台梁应采用膨胀螺栓固定在楼梯洞口周围的梁或承重墙（柱）上，它是整个楼梯上部与建筑物连接的关键构件，因此它的连接，直接关系到木楼梯结构的稳定性。

4. 楼梯斜梁与建筑物的连接

在公共楼梯中，楼梯斜梁上端与平台梁连接，下端与平台梁或基础梁连接。而在室内楼梯中，下端没有平台梁，更不会做基础梁，而是直接将楼梯斜梁下端与地面固定，固定方法往往是增加连地构件（图 2–9）。

图 2–9　楼梯斜梁与地面的连接

### 2.1.3　木楼梯施工工艺

在了解了木楼梯的材料和构造组成后，接下来我们要了解一下木楼梯的施工工艺。木楼梯的施工包括制作和安装两个环节。木楼梯的制作一般是在加工厂进行。材质的选择，防腐、防虫和防火处理，以及下料等工序均在加工厂完成，施工现场主要是进行木楼梯的安装。

1. 作业条件

(1) 施工准备

施工图设计文件齐备。设计文件应明确规定：

①木楼梯的结构类型及尺寸规格，安装位置及连接方式等；

②木楼梯的木材品种及材质等级的证书；

③木楼梯的防火、防腐、防蛀的处理方式及检验结果；

④木楼梯构件进场后，要注意存放保护，严禁将木构件堆放在地上，

要垫高 200mm 以上，分类码放，防止雨淋、日晒；

⑤检验木构件是否有翘曲、扭弯、劈裂、虫眼等质量问题；

⑥室内木楼梯的安装，应在装饰工程结束后进行。

（2）工具及机具准备

①木楼梯在安装中主要会用到以下工具：

钢卷尺：常用量具，做各类工程时都是必备工具，要随身携带。

折尺：用质地较好的薄木板制成，可以折叠，携带方便，为木工常用量具。规格有：四折，长度 50cm；六折、八折，长度均为 1m。

角尺：有木质、钢制两种，有相互垂直的尺柄和尺翼组成，一般尺柄长 15～20cm，尺翼长 20～40cm。用于画垂直线、平行线及检查平整垂直。

三角尺：尺的长宽均为 15 ～ 20cm，尺翼与尺柄的交角为 90°，其余两角为 45°，用不易变形的木料制成。使用时将尺柄贴紧物面边棱，可画出 45° 线及垂线。

水平尺：尺的中部及端部各装有水准管，当水准管内气泡居中时，即成水平。用于检验物面的水平或垂直，使用时为防止误差，可在平面上将水平尺旋转 180°，复核气泡是否居中。

墨斗：由硬质木块拼制成槽状，前半部是墨池，后半部是线轮，墨池内有带墨汁的丝棉线，轮上绕有墨线，墨线一端穿过墨池，线头挂一定针。绷线时，先将定线固定在木料的一端，左手握住墨斗的中部，右手拿墨斗笔，紧压在墨池内的丝棉线上，墨线通过墨池沾上了墨汁，再用右手拇指与食指将墨线提起，即可绷出清晰的线条。

锯：架锯由锯条、锯柄、锯梁、锯钮、锯标和张紧绳等组成，有大小、粗细之别。使用时，把木料放在操作台上，用脚踩住木料，右手握锯，左手拇指按在墨线边上，锯齿紧挨拇指，锯割上线后，再协助右手拉锯或牢固木料，以防锯割木料摇动。架锯使用一段时间后，操作感到吃力，发生夹锯或向一方偏弯时，说明出了毛病，要进行维修。锯的维修主要是锉锯条，用三角锉将锯齿锉磨得更锋利一些。锯用完后，要放松张紧绳，把锯钮恢复原位。手锯有板锯和搂锯两种，用于锯割较宽的薄板料和层板之类。侧锯用于开缝挖槽，使用时用手握锯柄，左手按住木料端部上方，前后来回锯削。刀锯是用于纤维板、层板下料的锯削工具。钢丝锯用于锯削精细圆弧，切割细小空心花饰及开榫头等。

刨子：常用的有线刨、槽刨、边刨、弯刨、平刨等。线刨一般用于家具、门窗等镶边装饰线条的加工。槽刨用于在木料上刨削沟槽、裁口和起线。边刨是开启木边缘裁口的专用工具。弯刨是刨削圆弧、弯料的专用工具，使用较少。

平刨又分为粗、中、长、短四种。使用时，应首先锤击刨身的顶端，使刨刃露出刨身，然后根据刨的需要锤击木楔，将刨刃楔紧。两手握紧手柄，食指压在刨子前部，刨底紧贴于物体件上，用力前推。刨要平直，力要均匀；分清木的丝纹，决定刨削方向。刨子经过长期使用，往往出现刨底不平、刨刃迟钝等现象。刨底不平可将刨底用细软物研磨平整；刨刃要用磨石研磨，磨口要与磨石贴合，并经常加水，冲击磨石上的泥浆。刨子用完后，要将刨刃藏于刨身，将刨刃楔紧，以免损坏。

凿：一般分为平凿、扁凿、圆凿、斜凿等，都是由凿身、凿柄、凿箍组成。凿榫眼时，将划好榫眼线的加工件平放，底面垫一薄板，左手握凿，右手执斧，把凿刃放在眼线内边，用斧对准凿柄顶端，击一下凿顶，就要摇动一下凿子。用完后，随时磨好，涂上黄油保存。维修的主要方法是磨凿刃。

斧：有单刃和双刃之分，它的使用是平砍和立砍。不管是平砍还是立砍，都要在木料底部垫上木板或木块；斧刃千万不能碰在石头或金属上，以免损坏。

锤：木工用锤主要是羊角锤，多用于拔取木料中的钉子，所以又叫拔钉锤。

除以上几种主要工具外，另外还有扳手、木锉、钳子等辅助工具。

②木楼梯安装使用到的还有以下机具：

手提钻：手提钻又称手电钻，由电机、传动装置、开关、钻头、夹头、调节套筒和辅助把手等部分组成。它具有体积小、重量轻、操作快捷简便、工效高等优点。对于体积大，结构复杂的构件，利用电钻来开孔是很方便的。电钻有单速、双速和无级调速等种类。

电动冲击钻：电动冲击钻由电机、变速系统、冲击系统（齿盘式离合器）、传动轴、齿轮、夹头、控制开关及把手等组成。一机同时具备钻孔、锤击的功能，可以兼作手电钻和小型电锤使用，使用方便。

手提电动刨：电刨刀轴上装两把刀片，转速为16000rad/min，功率为580W左右，刨削宽度为60～90mm。电刨上部的调节旋钮，可调节刨削量。操作时双手前后推刨，推刨时平稳地匀速向前移动，刨到工作面尽头时应将刨身提起，以免损坏刨好的工作表面。电动刨的底板经改装还可以加工出一定的凹凸弧面，刨刀片用钝后可卸下重磨刀刃。

电动曲线锯：电动曲线锯可在木材、人造板材上切割直线或曲线，能锯割复杂形状和曲率半径小的几何图形，它具有体积小、重量轻、操作方便、使用范围广的特点，在装饰工程中经常采用。

电动圆锯：用于开割木夹板、木方、装饰板的机具。使用时双手握稳电锯，开动手柄上的电钮，让其空转到正常速度，再进行锯刨工件。操作者应戴保护眼镜或把头偏离锯片径向范围，以免木屑飞出击伤眼、脸。在施工时常把电动圆锯反装在木制工作台面下，并使用圆锯片从工作台面的开槽处伸出台面，以便切割木夹板和木方条。

机具在使用中应注意安全保护，严格按照电动机具的使用方法和安全注意事项进行操作，必要时需进行劳动保护。

2. 施工工艺流程及操作要点

(1) 施工工艺流程

放线定位——检验楼梯构件——梯斜梁与地梁、平台梁固定——测量垂直、水平度——地梁与地面固定——平台梁与楼梯洞口固定——（梯斜梁与墙体固定）——安装踏板——清理、保护。

（2）操作要点

①放线定位：按照楼梯的尺寸及设计的位置，进行放线，确定安装的位置。

②对实木楼梯的骨架材料（图2–10）进行检验，确定是否符合质量要求。

③梯斜梁与地梁、平台梁固定：三者按照位置固定到一起，木楼梯的骨架安装完成。连接采用专用螺栓，连接牢固（图2–11）。

④测量垂直、水平度：骨架连接完成后，使用水平尺，测量水平度，使用线坠测量垂直度。确定水平、垂直后，进行下一道工序（图2–12）。

⑤地梁与地面固定：将楼梯骨架根据放线位置就位，将地梁用膨胀螺栓与地面连接在一起，起到稳定的作用。

⑥平台梁与楼梯洞口固定：地梁与地面固定后，平台梁与楼梯洞口也使用膨胀螺栓或是预埋构件进行连接。

⑦梯斜梁与墙体固定：梯斜梁与墙体采用预置埋件或者膨胀螺栓进行连接。当楼梯居于房屋中间时，此步骤可省略。

⑧安装踏板：将踏板安装到斜梁上，安装后，测量其水平度（图2–13）。

⑨清理保护：对安装好的楼梯表面进行必要的保护，避免在搬运家具等活动中，对楼梯表面造成损伤。

图2–10 楼梯构件检验

图2–11 木楼梯骨架安装

图2–12 测量骨架垂直、水平度

图2–13 安装踏板

### 2.1.4 木楼梯质量检验标准

1. 木楼梯构件应符合设计要求和相关规范的规定。运输、堆放和安装等造成的木构件损坏及漆面脱落，应进行修补。

2. 木楼梯所使用材料的材质、规格、数量应符合设计要求。

3. 木构件及其他易燃辅料的燃烧性能等级应符合设计要求。

4. 木楼梯的造型、尺寸及安装位置应符合设计要求。

5. 木楼梯的连接方式及节点应符合设计要求。

6. 木楼梯安装允许的偏差与检验方法见表 2–10。

**木楼梯安装的允许偏差和检验方法** **表2–10**

| 项次 | 项目 | 允许偏差/mm | 检验方法 |
| --- | --- | --- | --- |
| 1 | 踏板、踏面板、踢面板厚度 | 1 | 钢直尺检查 |
| 2 | 踏板高差 | 3 | 钢直尺检查 |
| 3 | 踏板平整度 | 1 | 用靠尺和塞尺检查 |
| 4 | 平台板、踏板拼装缝 | 0.3 | 塞尺检查 |

### 2.1.5 木楼梯的质量问题与防治

1. 木楼梯晃动。原因在于连接不牢固。应严格按照螺钉数量进行固定，并确保螺母与螺栓连接牢固。

2. 踏板踩踏有声响。原因在于存在板缝过大问题。应严格按照安装允许偏差进行控制。板缝过大，除会产生声响外，还会加大楼梯的磨损。

3. 楼梯踏板不舒适。原因在于设计高度不符合人体工学。楼梯在保证安全的前提下，最大功能就是行走，根据人体工程学理论，在确定楼梯坡度、踏板高度和宽度时，首先要考虑行走舒适、攀登效率及三维状态，坡度越陡舒适度越差，坡度一般取值在 20°~45°之间，踏板一般与人脚尺寸、步幅相适应。

4. 楼梯踏板行走时有不稳定感。原因在于踏板尺寸存在差异。在同一个楼梯内，踏板的高度、宽度应该是相同的，不应无规律变化，保证坡度与步幅关系恒定。踏板的高度、宽度在同坡度之下，有不同的数值，恰当的范围使人行走感到舒适。一般来讲，高度值较小而宽度值较大，行走时感到舒适。宽度值不能小于 240mm，以保证脚的着力点重心落在脚心附近，使脚后跟着力点有 90% 在踏板上；楼梯的总体宽度以保证通行顺畅为原则，护栏高度根据满足人手自然下垂的前提条件来确定。

### 2.1.6 实训项目

#### [项目 1] “L”形实木楼梯安装施工

1. 内容：8 踏板（含休息平台）的“L”形实木楼梯安装施工。

2. 场地准备：2000mm × 2000mm 施工空间。

3. 施工准备：

(1) 技术准备

根据所提供的实木楼梯构件，绘制安装施工图，制定出安装方案。对学生进行安装前的技术交底和安全教育，并分好作业班组。

(2) 材料准备

"L"形实木楼梯构件一套，及相关连接金属件若干。检验所提供的材料是否符合设计要求和实训要求。

(3) 机具准备

按照班组配备施工工具和机具，并进行机具使用操作培训和安全教育。

4. 施工操作：

操作过程中，老师作为现场监理人员，流动巡视，发现问题及时指出，并和学生一起分析发生问题的原因，以及可能造成的影响，怎样可以避免这种问题的发生等。

5. 质量验收：

安装完成后，每班组领取检测工具，根据实木楼梯安装的操作要点及允许的偏差值等进行测量检测，发现问题，并及时纠正。找出原因，提出防范措施。

## [项目 2] "U"形实木楼梯安装施工

1. 内容：10 踏板（含休息平台）的"U"形实木楼梯安装施工。

2. 场地准备：2000mm × 2000mm 施工空间。

3. 施工准备：

(1) 技术准备

根据所提供的实木楼梯构件，绘制安装施工图，制定出安装方案。对学生进行安装前的技术交底和安全教育，并分好作业班组。

(2) 材料准备

U 形实木楼梯构件一套，及相关连接金属件若干。检验所提供的材料是否符合设计要求和实训要求。

(3) 机具准备

按照班组配备施工工具和机具，并进行机具使用操作培训和安全教育。

4. 施工操作：

操作过程中，老师作为现场监理人员，流动巡视，发现问题及时指出，并和学生一起分析发生问题的原因，以及可能造成的影响，怎样可以避免这种问题的发生等。

5. 质量验收：

安装完成后，每班组领取检测工具，根据实木楼梯安装的操作要点及允许的偏差值等进行测量检测，发现问题，并及时纠正。找出原因，提出防范措施。

# 2.2 玻璃楼梯

**学习目标：**

通过本章节的学习掌握常见玻璃楼梯的材料、构造及安装施工工艺，能进行玻璃楼梯的施工质量验收，并对施工质量缺陷进行原因分析和提出修改措施。

## 2.2.1 材料认知

1. 玻璃的基本知识

随着装饰材料的发展，玻璃的功能和品种也顺应市场迅速发展起来。从过去仅仅局限于空间的围护和采光的功能要求，发展出能够节约能源、调节热量、控制噪音、提高安全性等功能，使玻璃的功能概念有了根本性的改变；在品种方面，随着科技的发展，配合功能性要求，玻璃的品种也从单一走向多样。高科技、新工艺生产的各种玻璃各显异彩，在完善建筑空间环境的功能性、舒适性、艺术性等方面，起到了越来越重要的作用。

2. 玻璃的基本特性

玻璃是以石英砂、纯碱、长石、石灰石等为主要原料，在1550～1600℃的高温下熔融、成型而成的固体材料。它是无机氧化物的熔融混合物，没有特定的固定组成，主要的化学成分有氧化硅、氧化铝、氧化钙和氧化钠等。

3. 玻璃的基本分类

(1) 按其化学成分可分为钠玻璃、铝镁玻璃、钾玻璃、铅玻璃、硼硅玻璃和石英玻璃等；按功能和加工工艺分为平板玻璃、热反射玻璃、吸热玻璃、钢化玻璃、夹层（丝）玻璃、压花玻璃、彩色玻璃、釉面玻璃、玻璃砖和玻璃锦砖等。很多的功能玻璃和装饰玻璃都是由平板玻璃加工而成的。

(2) 按照生产方式对玻璃进行简单分类，主要分为平板玻璃和深加工玻璃。平板玻璃是指未经其他加工的平板状玻璃制品，也称白片玻璃或净片玻璃。其按生产方法不同，可分为普通平板玻璃和浮法玻璃。平板玻璃是建筑玻璃中生产量最大、使用最多的一种，主要用于门窗，起采光、围护、保温、隔声等作用，也是进一步加工成其他技术玻璃的原片。表2-11和表2-12分别给出了平板玻璃的分类和规格尺寸。浮法玻璃是采用现代先进的浮法生产工艺生产的平

**平板玻璃的分类　　表2-11**

| 分类方法 | 名称 | 分类方法 | 类别 |
|---|---|---|---|
| 按生产方式分 | 普通平板玻璃 | 按厚度/mm | 2、3、4、5、6 |
| | | 按外观质量 | 优等品、一等品、合格品 |
| | 浮法玻璃 | 按厚度/mm | 2、3、4、5、6、8、10、12、15、19 |
| | | 按用途 | 制镜级、汽车级、建筑级 |
| 按用途分 | 窗玻璃和装饰玻璃 | | |

板玻璃。浮法玻璃按照用途分为制镜级、汽车级、建筑级。表 2–13 和表 2–14 分别给出了浮法玻璃的尺寸允许偏差和建筑级浮法玻璃的外观质量要求。

**普通平板玻璃的规格尺寸** **表2–12**

| 厚度/mm | 长度/mm | 宽度/mm |
| --- | --- | --- |
| 2 | 400～1300 | 300～900 |
| 3 | 500～1800 | 300～1200 |
| 4 | 600～2000 | 400～1200 |
| 5 | 600～2600 | 400～1800 |
| 6 | 600～2600 | 400～1800 |

**浮法玻璃的尺寸允许偏差** **表2–13**

<table>
<tr><th rowspan="2">厚度/mm</th><th colspan="2">尺寸允许偏差/mm</th></tr>
<tr><th>尺寸小于3000mm</th><th>尺寸3000～5000mm</th></tr>
<tr><td>2，3，4</td><td rowspan="2">±2</td><td>—</td></tr>
<tr><td>5，6</td><td>±3</td></tr>
<tr><td>8，10</td><td>+2，−3</td><td>+3，−4</td></tr>
<tr><td>12，15</td><td>±3</td><td>±4</td></tr>
<tr><td>19</td><td>±5</td><td>±5</td></tr>
</table>

**建筑级浮法玻璃外观质量要求** **表2–14**

<table>
<tr><th>缺陷种类</th><th colspan="4">质量要求</th></tr>
<tr><td rowspan="3">气泡</td><td colspan="4">每平方米，长度L及个数允许范围/mm</td></tr>
<tr><td>0.5≤L≤1.5</td><td>1.5<L≤3.0</td><td>3.0<L≤5.0</td><td>L>5</td></tr>
<tr><td>5.5个</td><td>1.1个</td><td>0.44个</td><td>0个</td></tr>
<tr><td rowspan="3">夹杂物</td><td colspan="4">每平方米，长度L及个数允许范围/mm</td></tr>
<tr><td>0.5≤L≤1.0</td><td>1.0<L≤2.0</td><td>2.0<L≤3.0</td><td>L>3</td></tr>
<tr><td>5.5个</td><td>1.1个</td><td>0.44个</td><td>0个</td></tr>
<tr><td>点状缺陷密集度</td><td colspan="4">长度大于1.5mm的气泡和长度大于1.0mm的夹杂物：气泡与气泡、夹杂物与夹杂物或气泡与夹杂物的间距应大于300mm</td></tr>
<tr><td>线道</td><td colspan="4">按标准规定方法检验，肉眼不应看见</td></tr>
<tr><td>划伤</td><td colspan="4">长度和宽度允许范围及条数</td></tr>
<tr><td>表面裂纹</td><td colspan="4">按标准规定方法检验，肉眼不应看见</td></tr>
<tr><td>断面缺陷</td><td colspan="4">爆边、凹凸、缺角等不应超过玻璃板的厚度</td></tr>
</table>

为达到生产生活中的各种需求，人们对普通平板玻璃进行深加工处理，就是深加工玻璃。作为楼梯使用的玻璃，按照规范要求必须为安全玻璃。安全玻璃都是深加工玻璃。下面我们就认识几种常用做楼梯的安全玻璃。

①钢化玻璃

钢化玻璃又称强化玻璃。它是用物理的或化学的方法，在玻璃表面上形成一个压应力层，玻璃本身具有较高的抗压强度，不会造成破坏。当玻璃受到外力作用时，这个压力层可将部分拉应力抵消，避免玻璃的碎裂。钢化玻璃具有强度高、弹性大、热稳定性好的特点。

钢化玻璃有普通钢化玻璃、钢化吸热玻璃、磨光钢化玻璃等品种。钢化玻璃制品有平面钢化玻璃、弯钢化玻璃、半钢化玻璃等。平面钢化玻璃主要用做建筑工程的门窗、隔墙与幕墙等；弯钢化玻璃主要用做汽车车窗玻璃、楼梯围栏等。

使用时应注意的是钢化玻璃不能切割、磨削，边角不能碰击挤压，需在玻璃深加工前，按照设计尺寸进行裁割后进行钢化。现国内最大的钢化玻璃尺寸为 3600mm×6000mm。表 2–15 和表 2–16 分别列出了钢化玻璃的厚度和外观质量要求。

**钢化玻璃的厚度　　表2–15**

| 种类 | 厚度/mm | |
|---|---|---|
| | 浮法玻璃 | 普通玻璃 |
| 平面钢化玻璃 | 4，5，6，8，10，12，15，19 | 4，5，6 |
| 曲面钢化玻璃 | 5，6，8 | 5，6 |

**钢化玻璃的外观质量要求　　表2–16**

| 缺陷名称 | 说明 | 允许偏差 | |
|---|---|---|---|
| | | 优等品 | 合格品 |
| 爆边 | 每片玻璃每米边长上允许长度不超过10mm，自玻璃边部向玻璃板表面延伸深度不超过2mm，自板面向玻璃厚度延伸深度不超过厚度三分之一的爆边 | 不允许 | 1个 |
| 划伤 | 宽度在0.1mm以下的轻微划伤，每平方米面积内允许条数 | 长≤50mm<br>4条 | 长≤100mm<br>4条 |
| | 宽度大于0.1mm以上的轻微划伤，每平方米面积允许存在条数 | 宽0.1～0.5mm<br>长≤50mm<br>1条 | 宽0.1～1mm<br>长≤100mm<br>4条 |
| 夹钳印 | 夹钳中心与玻璃边缘的距离 | 玻璃厚度≤0.5mm<br>≤13mm | |
| | | 玻璃厚度>9.5mm<br>≤19mm | |
| 结石、裂纹、缺角 | 均不允许存在 | | |
| 光学变形 | 优等品不得低于《平板玻璃》GB 11614—2009优等品外观质量相关规定<br>合格品不得低于《平板玻璃》GB 11614—2009一等品外观质量相关规定 | | |

此外，钢化玻璃在使用过程中严禁溅上火花，否则，当其再经受风压或振动时，伤痕将会逐渐扩展，导致破碎。用于大面积围护的玻璃围栏在钢化上要予以控制，可选择半钢化玻璃，其应力不能过大，以避免受风荷载引起振动而自爆。

②夹层玻璃

夹层玻璃是两片或多片玻璃之间夹有透明有机胶合层，经加热、加压、黏合而构成的复合玻璃制品。夹层玻璃有平夹层玻璃和弯夹层玻璃两类产品，前者为普通型，后者为异型。原片厚度一般为 2～6mm。夹层玻璃的层数有 2、3、5、7 层，最多可达 9 层。它具有较高的强度，受到破坏时产生辐射状或同心圆形裂纹，碎片不易脱落，且不会影响透明度和产生折光现象。夹层玻璃可用普通平板玻璃、磨光玻璃、浮法玻璃、钢化玻璃作原片，具有耐久、耐热、耐湿等性能。夹层材料常用的有聚乙烯醇缩丁醛（PVB）、聚氨酯（PU）、聚酯（PES）、丙烯酸酯类聚合物、聚酯酸乙烯酯及其共聚物、橡胶改性酚醛等。

夹层玻璃的中间是有机夹层膜，当玻璃温度超过 70°C 时会产生气泡，高温环境不能选用夹层玻璃。夹层玻璃边缘要做好产品的防护，玻璃边缘暴露在外或者使用有机清洁剂，都会导致玻璃产品的剥落和薄膜层的破坏。

夹层玻璃不能切割，需选用定型产品或按照尺寸加工。夹层玻璃的长度、宽度和厚度由供需双方商定。

夹层玻璃的品种很多，遮阳夹层玻璃、防弹夹层玻璃、报警夹层玻璃、防紫外线夹层玻璃、隔声夹层玻璃、减薄夹层玻璃、电热夹层玻璃等。表 2–17 和表 2–18 分别给出了夹层玻璃的产品规格及外观质量要求。

**夹层玻璃的产品规格** **表2–17**

| 产品名称 | 尺寸范围/mm | | | 型号 | 生产工艺 |
|---|---|---|---|---|---|
| | 厚度 | 长度 | 宽度 | | |
| 平夹层 | 3+3<br>3+5 | 1800以下 | 850以下 | 普通<br>异型<br>特异型 | 胶片法 |
| 平夹层<br>弯夹层 | 3+3+1<br>5+5+1 | 2000以下 | 800以下 | | 胶片法 |
| 平夹层 | 3+3<br>3+5 | 1000以下 | 800以下 | 普通<br>异型<br>特异型 | 聚合型 |

**夹层玻璃的外观质量要求** **表2–18**

| 缺陷名称 | 优等品 | 合格品 |
|---|---|---|
| 胶合层气泡 | 不允许存在 | 直径300mm圆内允许长度为1～2mm的胶合层气泡2个 |
| 胶合层杂质 | 直径500mm圆内允许长度为2mm以下的胶合层杂质2个 | 直径500mm圆内允许长度为3mm以下的胶合层杂质4个 |
| 裂痕 | 不允许存在 | 不允许存在 |
| 爆边 | 每平方米玻璃允许长度不超过20mm，自玻璃边部向玻璃表面延伸深度不超过4mm，自板面向玻璃厚度延伸深度不超过厚度的一半 | |
| | 4个 | 6个 |
| 叠差、磨伤、脱胶 | 不得影响使用，可由供需双方商定 | |

③夹丝玻璃

图 2–14　丝网夹丝玻璃

夹丝玻璃也称防碎玻璃或钢丝玻璃，是将平板玻璃加热至红热软化状态，再将预热处理的铁丝或铁丝网压入玻璃中间制成的。具有均匀的内应力和一定的抗冲击强度，防火性能良好，安全性好。在遭受冲击或温度剧变破裂后，能裂而不散，从而避免了碎片飞散伤人，并能保持固定状态，起到隔火作用，故又称防火玻璃。夹丝玻璃表面可以是压花或磨光的，颜色可以制成无色透明或彩色的（图 2–14）。

由于玻璃体内有金属丝或网，其整体性能有很大提高，耐冲击性和耐热性好，在外力作用和温度急剧变化时，破而不缺，裂而不散，尤其是具有一定的防火性能。彩色夹丝玻璃因其具有良好的装饰功能，可用于阳台、楼梯、电梯间等处。因其内部有丝网存在，对视觉效果有一定的干扰。夹丝玻璃厚度一般为 6mm、7mm、10mm，规格一般不小于 600mm × 400mm，不大于 2000mm × 1200mm。

夹丝玻璃所用的金属丝网和金属丝线分为普通钢丝和特殊钢丝两种，普通钢丝直径为 0.4mm 以上，特殊钢丝直径为 0.3mm 以上。夹丝玻璃应采用经过特殊处理的点焊金属丝网。表 2–19 和表 2–20 分别列出了夹丝玻璃的尺寸允许偏差和弯曲度要求以及夹丝玻璃的外观质量要求。

**夹丝玻璃的尺寸允许偏差和弯曲度要求　　表2–19**

| 项目 | | 指标 | |
|---|---|---|---|
| | | 优等品 | 一等品、合格品 |
| 厚度允许偏差/mm | 6mm<br>7mm<br>10mm | ±0.5<br>±0.6<br>±0.9 | ±0.6<br>±0.7<br>±1.0 |
| 尺寸允许偏差/mm | 长度<br>宽度 | ±4.0 | ±4.0 |
| 弯曲度 | | 夹丝压花玻璃应在1.0%以内；<br>夹丝磨光玻璃应在0.5%以内 | |
| 玻璃边部凸出、缺口<br>偏斜<br>缺角 | | 玻璃边部凸出、缺口尺寸不得超过6mm<br>偏斜的尺寸不得超过4mm；<br>一片玻璃只允许有一个缺角，缺角的深度不得超过6mm | |

**夹丝玻璃的外观质量要求　　表2–20**

| 项目 | 说明 | 优等品 | 一等品 | 合格品 |
|---|---|---|---|---|
| 气泡 | 直径3～6mm的圆泡，每平方米面积内允许个数 | 5 | 数量不限，但不允许密集 | |

续表

| 项目 | 说明 | 优等品 | 一等品 | 合格品 |
| --- | --- | --- | --- | --- |
| 气泡 | 长泡，每平方米面积内允许个数 | 长6～8mm，2 | 长6～10mm，10 | 长6～10mm，10<br>长6～20mm，4 |
| 花纹变形 | 花纹变形程度 | 不允许有明显的花纹变形 | | 不规定 |
| 异物 | 破坏性的 | 不允许 | | |
| | 直径0.5～2.0mm非破坏性的，每平方米面积内允许个数 | 3 | 5 | 10 |
| 裂纹 | | 目测不能识别 | 不影响使用 | |
| 磨伤 | | 轻微 | 不影响使用 | |
| 金属丝 | 金属丝夹入玻璃内状态 | 应完全夹入玻璃内，不得露出表面 | | |
| | 脱焊 | 不允许 | 距边部30mm内不限 | 距边部100mm内不限 |
| | 断线 | 不允许 | | |
| | 接线 | 不允许 | 目测看不见 | |

夹丝玻璃由于在玻璃中镶嵌了金属物，实际上破坏了玻璃的均一性，降低了玻璃的机械强度，一般用于楼梯护栏，不适宜作为踏板使用。因此使用时必须注意以下问题：

尽量避免将夹丝玻璃用于两面温差较大，局部冷热交替比较频繁的部位。如冬天室内采暖、室外结冰；夏天日晒雨淋等都容易因玻璃与丝网热性能的不同而产生应力，导致夹丝玻璃被破坏。

安装夹丝玻璃的框尺寸必须适宜，勿使玻璃受挤压。如用木框则应防止外框日久变形，使玻璃受到不均匀的外力作用；如用钢框则应防止由于外框温度急剧变化而传递给玻璃。因此，玻璃与窗框最好不直接接触，中间用塑料或橡胶等填充物作缓冲材料。

切割夹丝玻璃时，当玻璃已断，而丝网还互相连接时，需要上下反复弯曲多次才能掰断。此时应特别小心，防止两块玻璃在边缘处互相挤压，造成微小裂口或缺口，引起使用时的损坏。

4. 玻璃安装的辅助材料

玻璃是易碎品，安装的时候要注意保护。玻璃安装的时候需用到的辅助材料有：填缝材料、密封材料、橡胶垫、金属连接件。

### 2.2.2 玻璃楼梯的构造

玻璃楼梯的装饰性强，选用玻璃楼梯主要看重的是玻璃轻盈、剔透的质感，感性硬朗的线条，以及给室内带来的洁净、个性的空间效果。在一些公共空间中，全玻璃楼梯作为景观装饰的一部分，这类楼梯可采用吊挂或全玻璃围栏做支撑的结构方式，其实用性大大的让位于装饰性（图 2–15）。

## 2.2.3 玻璃楼梯施工工艺

在了解了玻璃楼梯的材料和构造组成后，接下来我们要了解一下玻璃楼梯的施工工艺。玻璃楼梯的施工包括制作和安装两个环节。玻璃楼梯的制作一般是在加工厂进行，玻璃的裁割、钻孔、加工等工序，均在加工厂完成，施工现场主要是进行玻璃楼梯的安装。

图 2–15 全玻璃悬吊楼梯

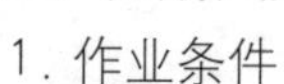

1. 作业条件

(1) 施工准备

施工图设计文件齐备。设计文件应明确规定：

①玻璃楼梯的结构类型、骨架材质、形式及尺寸规格，安装位置及连接方式等。

②玻璃楼梯的玻璃品种及骨架材质等级的证书等。

③玻璃楼梯进场后，要注意存放保护。应按规格靠墙立放，下面应垫木条。

④检验玻璃是否有气泡、异物、裂纹、爆边等质量问题。

⑤室内玻璃楼梯的安装，应在装饰工程结束后进行。

⑥室内作业温度要在 0℃ 以上。如存放库房的作业温度与作业空间温度差异大，应放置 24 小时以后，待温度与作业空间温度相近后，方可进行安装。

(2) 工具及机具准备

玻璃楼梯在安装中主要会用到以下工具：

工作台、钢丝钳、钢卷尺、木折尺、直尺、角尺、油灰刀、靠尺、线坠、螺丝刀、扳手、玻璃吸盘、抹布或棉纱等。

机具主要有吊装机具、钻孔机具、锚固机具等。

2. 施工工艺流程及操作要点

(1) 施工工艺流程

测量、放线定位——钻孔、安装预埋件——玻璃入场、检查玻璃——安装玻璃骨架——测量垂直、水平度——安装结构支撑件、软连接胶垫——安装踏板——清理、保护。

(2) 操作要点

①测量、放线定位（图 2–16）：按照楼梯的尺寸及设计的位置，进行放线，确定安装的位置。

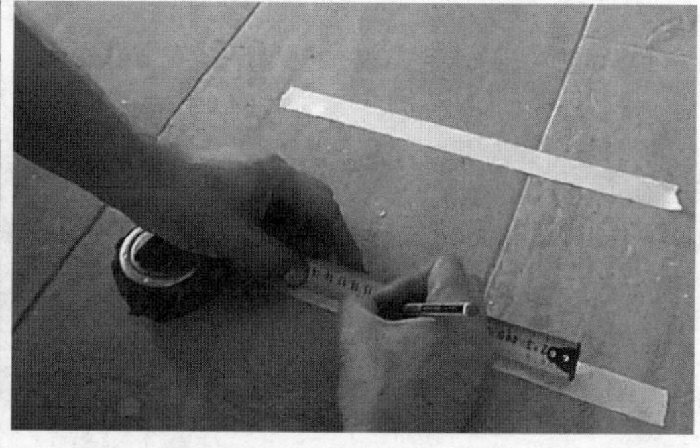

图 2–16 测量、放线定位

②钻孔、安装预埋件：根据固定点位置钻孔（图 2–17），安装化学锚栓（图 2–18）。地面钻孔，固定地面固定支撑辅件（图 2–19）。

③玻璃入场、检查玻璃情况（图 2–20）：玻璃运输需做好保护，在必要的位置提前做好保护措施，保证全程平稳无磕碰。玻璃上楼可使用吊装设备来辅助完成。玻璃入场后，需对玻璃做全面检查，检查是否有缺损、爆边等情况。

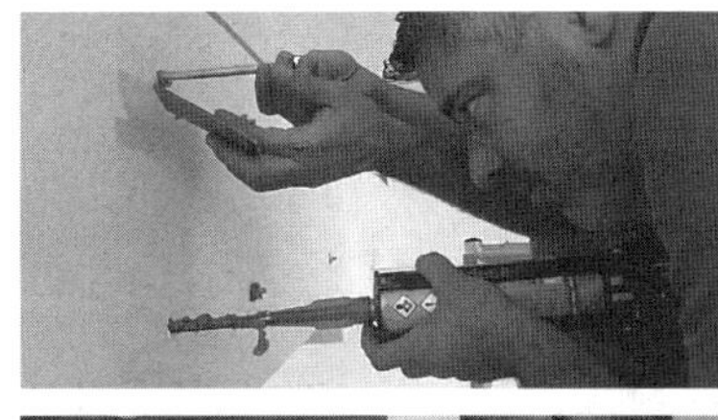

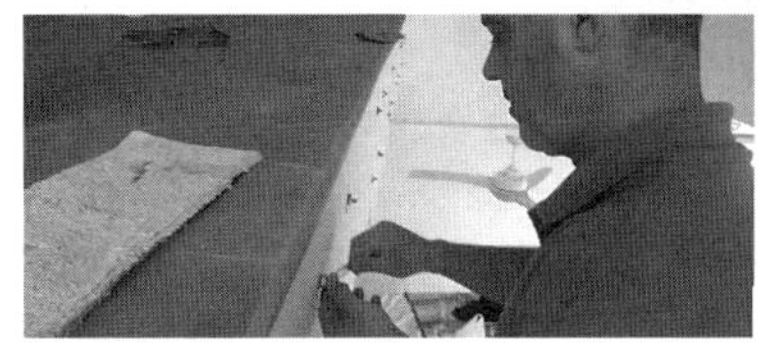

图 2–17　钻孔（左上）
图 2–18　安装化学锚栓（左下）
图 2–19　安装地面固定支撑辅件（右）

图 2–20　玻璃入场

④安装玻璃骨架（图 2–21）：以全玻璃围栏作为楼梯的结构支撑，按照设计尺寸将玻璃围栏与建筑物连接固定。

⑤测量垂直、水平度（图 2–22）：栏板安装完成后，使用水平尺，确定水平、垂直后，进行下一道工序。

⑥安装连接构件：安装踏板连接构件。为防止玻璃在使用过程中，由于挤压发生破碎现象，所有与玻璃连接的构件必须垫橡胶垫片或泡沫垫（图 2–23）。玻璃与玻璃之间在安装时，需做好软连接准备或留出合理缝隙（图 2–24）。

图 2-21 安装玻璃骨架（左）

图 2-22 测垂直、水平度（右）

图 2-23 安装垫片(左)

图 2-24 玻璃板间留缝(右)

⑦安装踏板（图 2-25）：将玻璃踏板放置在支撑构件上，用螺钉紧固。使用水平尺测量其平整度。

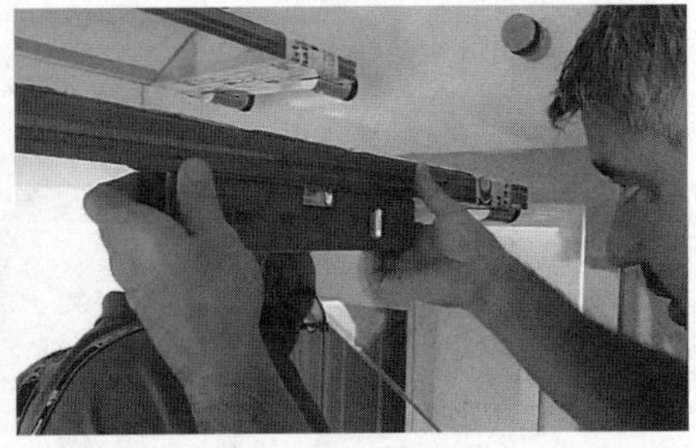

图 2-25 安装踏板

⑧清理保护（图 2-26）：对安装现场进行清理打扫，并对安装好的楼梯踏板进行必要的保护，避免在搬运家具等活动中，对楼梯踏板造成损伤。

图 2-26 楼梯完工现场清理后

注：以上玻璃楼梯安装操作步骤截图来源于好看视频 https://haokan.baidu.com/v?pd=wisenatural&vid=13701070397834805089.

## 2.2.4 玻璃楼梯质量检验标准

1. 玻璃楼梯应符合设计要求和相关规范的规定。玻璃在运输、堆放和安装等过程中，极易造成玻璃破损，有任何缺边、掉角、裂痕等缺陷，都不得使用。

2. 玻璃楼梯所使用的其他辅助材料的材质、规格、数量应符合设计要求。

3. 玻璃的安全等级应符合设计要求。

4. 玻璃楼梯的造型、尺寸及安装位置应符合设计要求。

5. 玻璃楼梯的连接方式及节点应符合设计要求。

6. 玻璃胶固定处，玻璃胶必须饱满、平直、均匀，不得有漏填、挤出等现象。

### 2.2.5 玻璃楼梯的质量问题与防治

1. 楼梯晃动。原因在于连接不牢固。应确保骨架的连接牢固，严格按照螺钉数量进行固定，并确保螺母与螺栓连接牢固。

2. 楼梯踏板不舒适。原因在于不符合人体工学。楼梯在保证安全的前提下，最大功能就是行走，根据人体工程学理论，在确定楼梯坡度时，首先要考虑行走舒适、攀登效率及三维状态，坡度越陡舒适度越差，坡度一般取值在20°~45°之间，踏板一般与人脚尺寸、步幅相适应。

3. 楼梯踏板行走时有不稳定感。原因在于踏板尺寸存在差异。在同一个楼梯内，踏板的高度、宽度应该是相同的，不应无规律变化，保证坡度与步幅关系恒定。踏板的高度、宽度在同坡度之下，有不同的数值，恰当的范围使人行走感到舒适。一般来讲，高度值较小而宽度值较大，行走时感到舒适。宽度值不能小于240mm，以保证脚的着力点重心落在脚心附近，使脚后跟着力点有90%在踏板上；楼梯的总体宽度以保证通行顺畅为原则，护栏高度根据满足人手自然下垂的前提条件来确定。

4. 玻璃表面不干净或有裂纹。原因在于选料不当，材料进场检验不严。在检验玻璃质量时，要仔细查看玻璃内是否有气泡、水印、波纹、裂痕等缺陷。玻璃在运输的过程中，也极易造成损伤。因此，玻璃在运输中，要使用专用的立式支架，下部垫上枕木或弹性材料；支架上要铺垫毛毡等软质隔层材料；玻璃与玻璃之间要隔衬弹性或软质材料；外侧要使用缆绳等固定在运输工具上。运输过程中尽量避免路面颠簸等问题。

## 2.3 钢木楼梯

**学习目标：**

通过本章节的学习掌握常见钢木结构楼梯的材料、构造与安装施工工艺，能进行钢木楼梯的施工质量验收，并对施工质量缺陷进行原因分析和提出修改措施。

近年来，随着装配化施工的快速发展，钢木楼梯（图2–27）成了现代室内装修中的重要组成部分，钢木楼梯的家具化是未来的发展趋势。钢木楼梯主要采用钢材作为结构构件，木材和玻璃作为踏板和围护构件，造型丰富、装饰性强、施工方便，受到了室内设计师和业主的喜爱。

图2–27 钢木楼梯

### 2.3.1 材料认知

钢木楼梯的踏板和扶栏多用木材和玻璃作为主材，在前面章节中对其材料特性已经做过介绍。本章节主要介绍其结构材料——钢材。但钢材类型有很多种，在介绍之前，有必要先对钢材的基本知识有一个了解。

1. 钢结构对材料性能的要求

钢结构在使用过程中常常需要在不同的环境和条件下承受各种荷载，所以对钢材的材料性能提出了要求。我国《钢结构设计标准》GB 50017—2017中就具体规定：承重结构采用的钢材应具有抗拉强度、伸长率、屈服强度和硫、磷含量的合格保障，对焊接结构尚应具有碳含量的合格保证。焊接承重结构以及重要的非焊接承重结构采用的钢材还应具有冷弯试验的合格保证；对直接承受动力荷载或需验算疲劳的构件所用钢材尚应具有冲击韧性的合格保证。

钢结构的种类繁多，性能差别很大，适用于承重结构的钢只有少数的几种，如：碳素钢中的Q235，低合金钢中的Q355、Q390、Q420等牌号的钢材。

钢材的力学性能通常指钢材出厂时，所提供的强度、伸长率、冷弯性能和冲击韧性等。这些性能指标是钢结构设计的重要依据，它们主要通过试验来测定，如拉弯试验、冷弯试验和冲击试验等。

(1) 钢材的强度

钢材的主要强度指标和多项性能指标就是通过单向拉伸试验获得的。试验一般是在标准条件进行的，即采用符合国家标准规定形式和尺寸的标准试件，在室温20℃左右，按规定的加载速度在拉力试验机上进行。

低碳钢和低合金钢（含碳量和低碳钢相同）一次拉伸时的应力—应变曲线简化的光滑曲线示于图2–28。由应力—应变规律示出的各种力学性能指标如下。

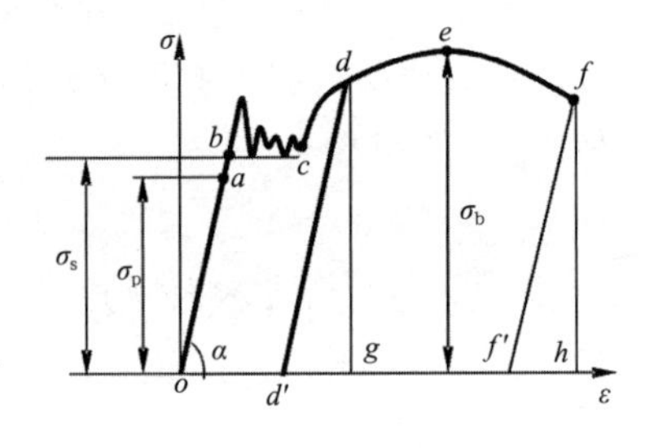

图2–28　钢材的一次拉伸应力—应变曲线

屈服点 $\sigma_s$ 是应变 $\varepsilon$ 在比例极限 $\sigma_p$ 之后不再与应力成正比，而是渐渐加大，应力—应变间成曲线关系，一直到屈服点。这一阶段，是图2–28中的弹塑性阶段 $ab$。

图2–28中 $b$ 点的应力为屈服点 $\sigma_s$，在此之后应力保持不变而应变持续发展，形成水平线段即屈服平台 $bc$。这是塑性流动阶段。

应力超过 $\sigma_p$ 以后，任一点的变形中都将包括有弹性变形和塑性变形两部分，其中的塑性变形在卸载后不再恢复，故称残余变形或永久变形。

实际上，由于加载速度及试件状况等试验条件的不同，屈服开始时总是形成曲线的上下波动，波动最高点称上屈服点，最低点称下屈服点。下屈服点的数值对试验条件不敏感，并形成稳定的水平线，所以计算时以下屈服点作为材料抗力的标准（用符号 $f_y$ 表示）。

低碳钢和低合金钢有明显的屈服点和屈服平台。而热处理钢材（如 $\sigma_y$ 高达690N/mm$^2$ 的美国A514钢），它可以有较好的塑性性质但没有明显的屈服点和屈服平台，应力应变曲线形成一条连续曲线。对于没有明显屈服点的钢材，规定把永久变形为 $\varepsilon$=0.2%时的应力作为屈服点，有时用 $\sigma_{0.2}$ 表示。为了区别起见，把这种名义屈服点称作屈服强度（图2–29）。

钢材的拉伸试验所得的屈服点$f_y$、抗拉强度$f_u$和伸长率$\delta$是钢结构设计中对钢材力学性能要求的三项重要指标。

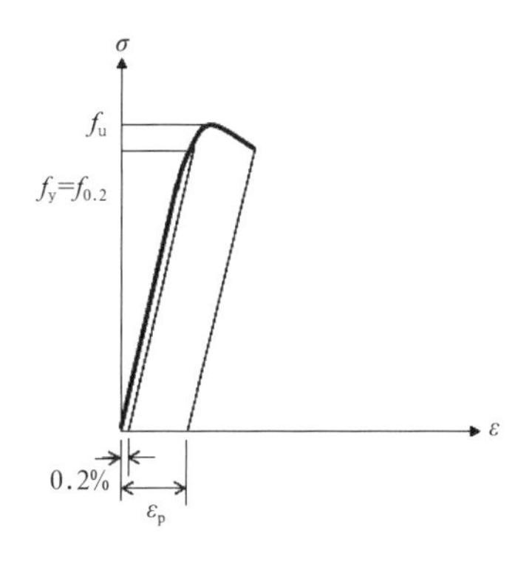

图 2-29 名义屈服点

钢结构设计中常把屈服点$f_y$定位成构件应力可以达到的限值，即把钢材达到抗拉强度$f_u$作为承载能力极限状态的标志。这是因为当$\sigma \geqslant f_y$时，钢材暂时失去了继续承载的能力并伴随产生很大的不适于继续受力或使用的变形。

钢材的抗拉强度$f_u$是钢材抗破坏能力的极限。抗拉强度$f_u$是钢材塑性变形很大且即将破坏时的强度，此时已无安全储备，只能作为衡量钢材强度的一个指标。

钢材的屈服点与抗拉强度之比，$f_y/f_u$称屈强比，它是表明设计强度储备的一项重要指标，$f_y/f_u$愈大，强度储备愈小，不够安全；反之，$f_y/f_u$愈小，强度储备愈大，结构愈安全。但强度利用率低会造成不经济，因此，设计中要选用合适的屈强比。

（2）钢材的塑性

钢材的伸长率$\delta$是反映钢材塑性的指标，是试件拉断后，标距长度的伸长量与原标距长度的百分比。伸长率越大，则塑性越好；需要指出，试件标距长度与试件截面直径之比对伸长率有较大的影响，试件标距长度与试件截面直径越大，伸长率就越小。标准试件的标距长度与截面直径之比一般为 5。

（3）钢材的冷弯性能

钢材的冷弯性能是衡量钢材在常温下弯曲加工产生塑性变形时产生裂纹的抵抗能力的一项指标。钢材的冷弯性能由冷弯试验确定（图 2-30）。试验时，根据钢材牌号和板厚，按国家相关标准规定的弯心直径，在试验机上把试件弯曲 180°，以试件表面和侧面不出现裂纹和分层为合格，冷弯试验不仅能检验材料承受规定的弯曲变形能力的大小，还能显示其内部的冶金缺陷，因此是判断钢材塑性变形能力和冶金质量的综合指标。焊接承重结构以及重要的非焊接承重结构采用的钢材还应具有冷弯试验的合格保证。

（4）钢材的冲击韧性

钢材的冲击韧性是衡量钢材在冲击荷载作用下，抵抗脆性断裂能力的一项力学指标。冲击韧性也叫做缺口韧性，是评定带有缺口的钢材在冲击荷载作用下抵抗脆性破坏能力的指标。钢材的冲击韧性通常是通过在材料试验机上对标准试件进行冲击荷载试验来测定的（图 2-31）。常用的标准试件的形式有夏比“V”形缺口（Charp V-notch）和梅氏“U”形缺口（Mesnaqer U-notch）

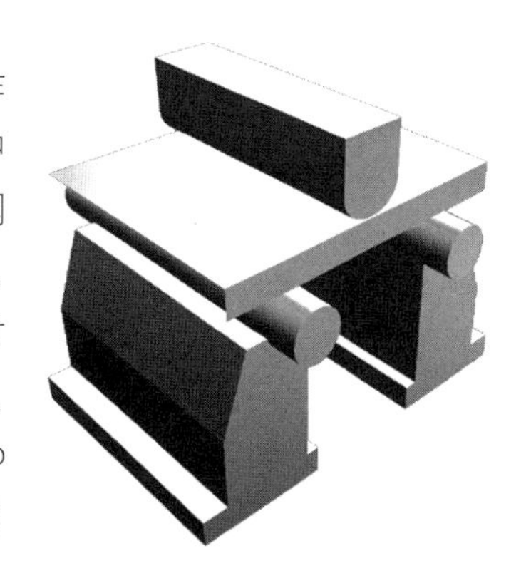
图 2-30 冷弯试验

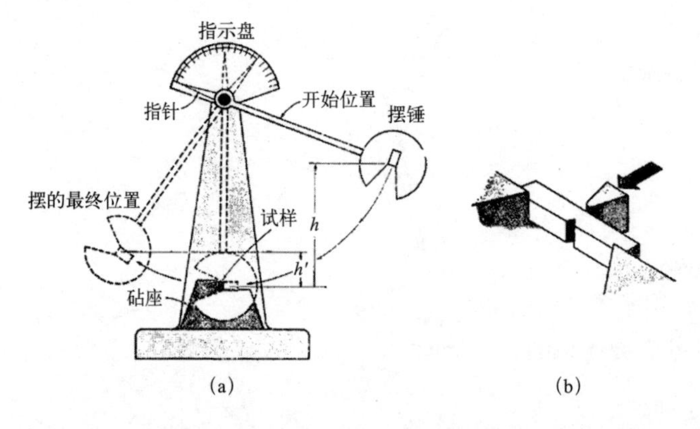


图 2–31　冲击试验

两种。"U" 形缺口试件的冲击韧性用冲击荷载下试件断裂所吸收或消耗的冲击功除横截面面积的量值表达。"V" 形缺口试件的冲击韧性用试件断裂时所吸收的功 $C_{kv}$ 或 $A_{kv}$ 来表示，其单位为 J。由于 "V" 形缺口试件对冲击尤为敏感，更能反映结构类裂纹性缺陷的影响，因此，我国规定钢材的冲击韧性按 "V" 形缺口试件冲击功 $C_{kv}$ 或 $A_{kv}$ 表示。

钢材的冲击韧性与钢材的质量、缺口形状、加载速度、时间厚度、温度有关，其中温度的影响最大。试验表明，钢材的冲击韧性值随温度的降低而降低，但不同牌号和质量等级钢材的降低规律又有很大的不同。因此，在寒冷地区承受动力荷载作用的重要承重结构，应根据工作温度和所用钢材牌号，对钢材提出相当温度下的冲击韧性指标要求，以防脆性破坏的发生。

(5) 钢材的焊接性能

钢材的焊接性能是指在一定的焊接工艺条件下，获得性能良好的焊接接头。焊接过程中要求焊缝及焊缝附近金属不产生热裂纹或冷却收缩裂纹；在使用过程中焊缝处的冲击韧性和热影响区内塑性良好。我国钢结构设计规范中除了 Q235A 不能作为焊接构件外，其他的几种牌号的钢材均具有良好的焊接性能。

钢材的焊接性能的优劣除了与钢材的碳含量有直接关系外，还与母材的厚度、焊接的方法、焊接工艺参数以及结构形式等条件有关。

(6) 钢材的破坏形式

钢材有两种性质完全不同的破坏形式，即塑性破坏和脆性破坏。钢结构所用的钢材在正常使用的条件下，虽然有较高的塑性和韧性，但在某些条件下，仍然存在发生脆性破坏的可能性。

塑性破坏也称延性破坏，其特征是构件应力达到抗拉极限强度后，构件产生明显的变形并断裂。破坏后的端口呈纤维状，色泽发暗。由于塑性破坏前总有较大的塑性变形发生，且变形持续时间较长，容易被发现和抢修加固，因此不至于发生严重后果。

脆性破坏在破坏前无明显塑性变形，或根本就没有塑性变形，而突然发生断裂。破坏后的断口平直，呈有光泽的晶粒状。由于破坏前没有任何预兆，破坏速度又极快，无法及时察觉和采取补救措施，具有较大的危险性，因此在钢结构的设计、施工和使用的过程中，要特别注意这种破坏的发生。

2. 影响钢材性能的主要因素

（1）化学成分的影响

钢是以铁和碳为主要成分的合金，碳及其他元素所占的比重虽然不大，但对钢材性能却有重要的影响。

①碳（C）

碳是各种钢中重要元素之一，在碳素结构钢中则是铁以外的最主要元素。碳是形成钢材强度的主要成分，随着含碳量的提高，钢的强度逐渐增高，而塑性和韧性下降，冷弯性能、焊接性能和抗锈蚀性能等也变差。按碳的含量区分，小于0.25%的为低碳钢，大于0.25%而小于0.6%的为中碳钢，大于0.6%的为高碳钢。钢结构的用钢含碳量一般不大于0.22%，对于焊接结构，为了获得良好的可焊性，以不大于0.2%为好。所以，建筑钢结构用的钢材基本上都是低碳钢。

②硫（S）

硫是有害元素，属于杂质，能产生易于熔化的硫化铁，当热加工及焊接温度达到800～1000℃时，硫化铁会熔化使钢材变脆，可能出现裂纹，这种现象称为钢材的"热脆"。此外，硫还会降低钢材的冲击韧性、疲劳强度、抗锈蚀性能和焊接性能等。

③磷（P）

磷可以提高钢的强度和抗锈蚀性能，但却严重的降低了钢的塑性、韧性、冷弯性能和焊接性能，特别是在温度较低时促使钢材变脆，称为钢材的"冷脆"。

④锰（Mn）

锰是有益的元素，它能显著提高钢材的强度，同时又不过多的降低塑性和冲击韧性。锰有脱氧作用，是弱脱氧剂，可以消除硫对钢的热脆影响，改善钢的冷脆倾向。但是锰可以使钢材的可焊性降低，因此也应控制。我国的低合金钢中锰的含量一般为0.1%～1.7%。

⑤硅（Si）

硅也是有益元素，有更强的脱氧作用，是强氧化剂，常与锰共同除氧。适量的硅可以细化晶粒，提高钢的强度，而对塑性、韧性、冷弯性能和焊接性能没有显著的不良影响。硅在一般镇静钢中的含量一般为0.12%～0.30%，在低合金钢中为0.2%～0.55%。但过量的硅也会对焊接性能和抗锈蚀性能不利。

⑥氧（O）、氮（N）

氧和氮也是有害元素，在金属熔化状态下可以从空气中进入。氧能使钢热脆，其作用比硫剧烈，氮能使钢冷脆，与磷相似。故其含量必须严格控制。钢在浇注的过程中，应根据需要进行不同程度的脱氧处理。碳素结构钢的氧含量不应大于0.008%。

（2）成材过程中的影响

①冶炼

我国目前结构用钢主要是用平炉和氧化转炉冶炼而成的，侧吹转炉钢质量较差，不宜作为承重结构用钢。目前，侧吹转炉炼钢基本已被淘汰，在建筑钢结构中，主要使用氧气顶吹转炉生产的钢材。氧气顶吹转炉具有投资少、生产率高、原料适应性强等特点，已成为主流炼钢方法。

冶炼这一冶金过程中形成钢的化学成分与含量等不可避免地存在冶金缺陷，从而确定不同钢种、钢号及其相应的力学性能。

②浇铸（注）

把熔炼好的钢水浇铸成钢锭或钢坯有两种方法，一种是浇入铸模做成钢锭，另一种是浇入连续浇铸机做成钢坯。前者是传统的方法，所得钢锭需要经过初轧才成为钢坯。后者是近年来迅速发展的新技术，浇铸和脱氧同时进行。铸锭过程中因脱氧程度不同，最终成为镇静钢、半镇静钢、沸腾钢。镇静钢因浇铸时加入强脱氧剂，如硅，有时还加铝或钛，因而氧气杂质少且晶粒较细，偏析等缺陷不严重，所以钢材性能比沸腾钢好，但传统的浇铸方法因存在缩孔而成材率较低。连续浇铸可以产出镇静钢而没有缩孔，并且化学成分分布比较均匀，只有轻微的偏析现象，因此，这种浇铸技术即能提高产量又能降低成本。

钢在冶炼和浇铸的过程中不可避免地产生冶金缺陷。常见的冶金缺陷有偏析、非金属杂质、气孔及裂纹等。偏析是指金属结晶后化学成分分布不均匀；非金属杂质是指钢中含有硫化物等杂质；气孔是指浇铸时有 FeO 与 C 作用所产生的 CO 气体不能充分逸出而滞留在钢锭内形成的微小空洞。这些缺陷都将影响钢的力学性能。

③轧制

钢材的轧制能使金属的晶粒变细，也能使气泡、裂纹等焊合，因而改善了钢材的力学性能。薄板因轧制的次数多，其强度比厚板略高、浇铸时的非金属夹杂物在轧制后能造成钢材的分层，所以分层是钢材（尤其是厚板）的一种缺陷。设计时应尽量避免拉力垂直于板面的情况，以防止层间撕裂。

④热处理

一般钢材以热轧状态交货，某些高强度钢材则在轧制后经热处理才出厂。热处理的目的在于取得高强度的同时能够保持良好的塑性和韧性。

（3）残余应力的影响

热轧型钢在冷却过程中，在截面突变处，如尖角、边缘及薄细部位，率先冷却，其他部位渐次冷却，先冷却部位约束阻止后冷却部位的自由收缩，产生复杂的热轧残余应力分布。不同形状和尺寸规格的型钢残余应力分布不同。

钢材经过气割或焊接后，由于不均匀的加热和冷却，也将引起残余应力。

残余应力是一种自相平衡的应力，退火处理后可部分乃至全部消除。结构受荷后，残余应力与荷载作用下的应力相叠加，将使构件某些部位提前屈服，降低构件的刚度和稳定性，降低抵抗冲击断裂和抗疲劳破坏的能力。

（4）应力集中的影响

由于钢结构的钢材存在孔洞、槽口、凹角裂纹、厚度变化、形状变化及内部缺陷等构造缺陷，此时截面中的应力分布不再保持均匀，同时主应力线在绕过孔口等缺陷时发生弯转，不仅在孔口边缘处会产生沿力作用方向的应力高峰，而且会在孔口附近产生垂直于力的作用方向的横向应力，甚至会产生三向拉应力，而且厚度越厚的钢板，在其缺口中心部位的三向拉应力也越大，这是因为在轴向拉力作用下，缺口中心沿板厚方向的收缩变形受到较大的限制，形成所谓平面应变状态所致。

应力集中现象还可能由内应力产生。内应力的特点是力系在钢材内自相平衡，而与外力无关，其在浇铸、轧制和焊接加工过程中，因不同部位钢材的冷却速度不同，或因不均匀加热和冷却而产生。其中焊接残余应力的量值往往很高，在焊缝附近的残余拉应力常达到屈服点，而且在焊缝交叉处经常出现双向、甚至三向残余拉应力场，使钢材局部变脆。当外力引起的应力与内应力处于不利组合时，会引发脆性破坏。

因此，在进行钢结构设计时，应尽量使构件和连接节点的形状和构造合理，防止截面的突然改变。在进行钢结构的焊接构造设计和施工时，应尽量减少焊接残余应力。

(5) 钢材的冷作硬化和时效

钢材的硬化有三种情况：时效硬化、冷作硬化（或应变硬化）和应变时效硬化。

在高温时溶于铁中的少量氮和碳，随着时间的增长逐渐由固溶体中析出，生成氮化物和碳化物，散存在铁素体晶粒的滑动界面上，对晶粒的塑性滑移起到遏制作用，从而使钢材的强度提高，塑性和韧性下降。这种现象称为时效硬化（也称老化）。产生时效硬化的过程一般较长，但在振动荷载、反复荷载及温度变化等情况下，会加速发展。

在冷加工（或一次加载）使钢材产生较大的塑性变形的情况下，卸荷后再重新加载，钢材的屈服点提高，塑性和韧性降低的现象称为冷作硬化。

在钢材产生一定数量的塑性变形后，铁素体晶体中的固溶氮和碳将更容易析出，从而使已经冷作硬化的钢材又发生时效硬化现象，称为应变时效硬化。这种硬化在高温作用下会快速发展，人工时效就是据此提出来的，方法是：先使钢材产生 10%左右的塑性变形，卸载后再加热至 2500℃，保温一小时后在空气中冷却。用人工时效后的钢材进行冲击韧性试验，可以判断钢材的应变时效硬化倾向，确保结构具有足够的抗脆性破坏能力。

对于比较重要的钢结构，要尽量避免局部冷作硬化现象的发生。如钢材的剪切和冲孔，会使切口和孔壁发生分离式的塑性破坏，在剪断的边缘和冲出的孔壁处产生严重的冷作硬化，甚至出现细微的裂纹，促使钢材局部变脆。此时，可将剪切处刨边；冲孔用较小的冲头，冲完后再行扩钻或完全改为钻孔的办法来除掉硬化部分或根本不发生硬化。

(6) 温度的影响

钢材的性能受温度的影响十分明显，图 2–32 给出了低碳钢在不同高温下的单调拉伸试验结果。由图中可以看出，在 150℃以内，钢材的强度、弹性模量和塑性均与常温相近，变化不大；但在250℃左右，抗拉强度有局部性提高，伸长率和断面收缩率均降至最低，出现了所谓的“蓝脆”现象（钢材表面氧化膜呈蓝色），显然钢材的热加工应避开这一温度区段；在300℃以后，强度和弹性模量均开始显著下降，塑性显著上升；达到600℃时，强度几乎为零，塑性急剧上升，钢材处于热塑性状态。

由上述可以看出，钢材具有一定的抗热性能，但不耐火，一旦钢结构的温度达600℃及以上时，会在瞬间因热塑而倒塌。因此受高温作用的钢结构，应根据不同情况采取防护措施：当结构可能受到炽热熔化金属的侵害时，应采用砖或耐热材料做成的隔热层加以保护；当结构表面长期受辐射热达150℃以上或在短时间内可能受到火焰作用时，应采取有效的防护措施（如加隔热层或水套等）。防火是钢结构设计中应考虑的一个重要问题，通常按国家有关防火的规范或标准，根据建筑物的防火等级对不同构件所要求的耐火极限进行设计，选择合适的防火保护层（包括防火涂料等的种类、涂层或防火层的厚度及质量要求等）。

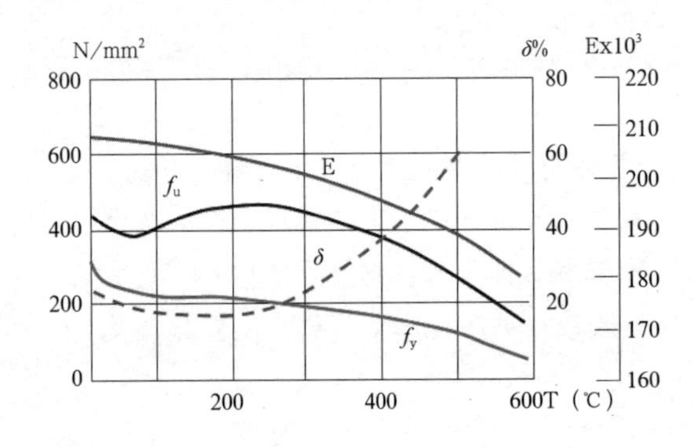


图2–32　低碳钢在高温下的性能

当温度低于常温时，随着温度的降低，钢材的强度提高，而塑性和韧性降低，逐渐变脆，称为钢材的低温冷脆。钢材的冲击韧性对温度十分敏感，为了工程实用，根据大量的使用经验和试验资料的统计分析，我国有关标准对不同牌号和等级的钢材，规定了在不同温度下的冲击韧性指标，例如对Q235钢，除A级不要求外，其他各级钢均取 $C_v$=27J；对低合金高强度钢，除A级不要求外，E级钢采用 $C_v$=27J，其他各级钢均取 $C_v$=34J。只要钢材在规定的温度下满足这些指标，那么就可按规范的有关规定，根据结构所处的工作温度，选择相应的钢材作为防脆断措施。

（7）钢材的疲劳

钢材在连续反复的动力荷载作用下，裂纹生成、扩展以致脆性断裂的现象称为钢材的疲劳或疲劳破坏。疲劳破坏时，截面上的应力低于钢材的抗拉强度甚至低于屈服强度，破坏前没有征兆，呈脆性断裂特征。钢材在规定的作用重复次数和作用变化幅度下所能承受的最大动态应力称为疲劳强度。疲劳强度的主要因素是应力集中，试验表明：截面几何形状突变处最严重，然后是作用的应力幅和应力循环次数 $n$，一般与钢材的静力强度无关。

3. 钢结构用钢材的分类及钢材的选用

(1) 建筑用钢结构的分类

钢结构用的钢材主要有两个种类，即碳素结构钢和低合金高强度结构钢。后者因含有锰、钒等合金元素而具有较高的强度。此外，处在腐蚀介质中的结构，则采用高耐候性结构钢，这种钢因含有铜、磷、铬、镍等合金元素而具有较高的抗锈能力。

①碳素结构钢

碳素结构钢的牌号（简称钢号）有 Q195、Q215、Q235 及 Q275。其中 Q215 包含有 Q215A、Q215B；Q235 包含有 Q235A、Q235B、Q235C、Q235D；Q275 包含有 Q275A、Q275B、Q275C、Q275D。

碳素结构钢的钢号由代表屈服点的字母 Q，屈服点数值（单位为 $N/mm^2$）、质量等级符号（如 A、B、C、D）、脱氧方法符号（如 F、Z）等四个部分组成。前面已经提到，在浇铸过程中由于脱氧程度的不同，钢材有镇静钢与沸腾钢之分，以符号 Z、F 来表示。此外还有用铝补充脱氧的特殊镇静钢，用 TZ 表示。按国家标准规定，符号 Z、TZ 在表示牌号时予以省略。以 Q235 钢来说，A、B 两级的脱氧方法可以是 Z、F，C 级的只能为 Z，D 级的只能为 TZ。其钢号的表示法和代表的意义如下：

Q235A——屈服强度为 $235N/mm^2$，A 级，镇静钢；

Q235AF——屈服强度为 $235N/mm^2$，A 级，沸腾钢；

Q235B——屈服强度为 $235N/mm^2$，B 级，镇静钢；

Q235C——屈服强度为 $235N/mm^2$，C 级，镇静钢；

Q235D——屈服强度为 $235N/mm^2$，D 级，特殊镇静钢。

从 Q195 到 Q275，是按强度由低到高排列的。Q195、Q215 的强度比较低，而 Q275 的含碳量都超出了低碳钢的范围，所以建筑结构在碳素结构钢中主要应用 Q235 这一钢号。

②低合金高强度结构钢

低合金高强度结构钢是在钢的冶炼过程中添加少量的几种合金元素（含碳量均不大于 0.02%，合金元素总量不大于 0.05%），使钢的强度明显提高，故称低合金高强度结构钢。国家标准《低合金高强度结构钢》GB/T 1591—2018 规定，低合金高强度结构钢分为 Q355、Q390、Q420、Q460、Q500、Q550、Q620、Q690 等八种，其符号的含义和碳素结构钢牌号的含义相同。其中 Q355、Q390、Q420、Q460 是钢结构设计规范中规定采用的钢种。这四种钢都包含有 B、C、D、E、F 五个质量等级，和碳素钢一样，不同质量等级是按对冲击韧性（夏比“V”形缺口试验）的要求来区分的。

③优质碳素结构钢

优质碳素结构钢不以热处理或热处理（正火、淬火、回火）状态交货，用做压力加工用钢和切削加工用钢。由于价格较高，钢结构中使用较少，经热处理的优质碳素结构钢仅用做冷拔高强度钢丝或制作高强螺栓、自攻螺钉等。

(2) 钢材的选择

选择钢材的目的是要做到结构安全可靠，同时用材经济合理。为此，在选择钢材时应考虑：结构或构件的重要性；荷载性质（静载或动载）；连接方法（焊接、铆接或螺栓连接）；工作条件（温度及腐蚀介质）。

对于重要结构、直接承受动载的结构、处于低温条件下的结构及焊接结构，应选用质量较高的钢材。

Q235A 钢的保证项目中，碳含量、冷弯试验合格和冲击韧性值并未作为必要的保证条件，所以只宜用于不直接承受动力作用的结构中。当用于焊接结构时，其质量证明书中应注明碳含量不超过 0.2%。对于需要验算疲劳的焊接结构，应采用具有常温冲击韧性合格保证的 B 级钢。当这类结构冬季处于温度较低的环境时，若工作温度在 −20～0℃之间，Q235 和 Q355 应选用具有 0℃冲击韧性合格的 C 级钢，Q390 和 Q420 则应选用 −20℃冲击韧性合格的 D 级钢；若工作温度不高于 −20℃，则钢材的质量级别还要提高一级，Q235 和 Q355 选用 D 级钢，而 Q390 和 Q420 选用 E 级钢。非焊接的构件发生脆性断裂的危险性比焊接结构小些，对材质的要求可比焊接结构适当放宽，但需要验算疲劳的构件仍应选用有常温冲击韧性保证的 B 级钢。当工作温度不高于 −20℃时，Q235 和 Q355 应选用 C 级钢，Q390 和 Q420 则应选用 D 级钢。

当选用 Q235A、B 级钢时，还需要选定钢材的脱氧方法。在采用钢模浇铸的年代，镇静钢的价格高于沸腾钢，凡是沸腾钢能够胜任的场合就不用镇静钢。目前大量采用连续浇铸，镇静钢价格高的问题不再存在。因此，可以在一般情况下都用镇静钢。而由于沸腾钢的性能不如镇静钢，《钢结构设计标准》GB 50017—2017 规范对它的应用提出了一些限制，包括不能用于需要验算疲劳的焊接结构、处于低温的焊接结构和需要验算疲劳并且处于低温的非焊接结构。

(3) 型钢的规格

钢结构构件一般宜直接选用型钢，这样可减少制造工作量，降低造价。型钢尺寸不够合适或构件很大时则用钢板制作。构件间或直接连接或附以连接钢板进行连接。所以，钢结构中的元件是型钢及钢板。型钢有热轧及冷成型两种（图 2–33、图 2–34）。现分别介绍如下。

①热轧钢板

热轧钢板分厚板及薄板两种，厚板的厚度为 4.5～60mm，薄板厚度为 0.35～4mm。前者广泛用来组成焊接构件和连接钢板，后者是冷弯薄壁型钢的原料。在图纸中钢板用“厚 × 宽 × 长（单位为毫米）”前面附加钢板横断面的方法表示，如：−12 × 800 × 2100 等。

②热轧型钢

角钢：有等边和不等边两种。等边角钢（也叫等肢角钢），以边宽和厚度表示，如∟100 × 10 为肢宽 100mm、厚 10mm 的等边角钢。不等边角钢（也叫不等肢角钢）则以两边宽度和厚度表示，如∟100 × 80 × 8 等。我国目前生

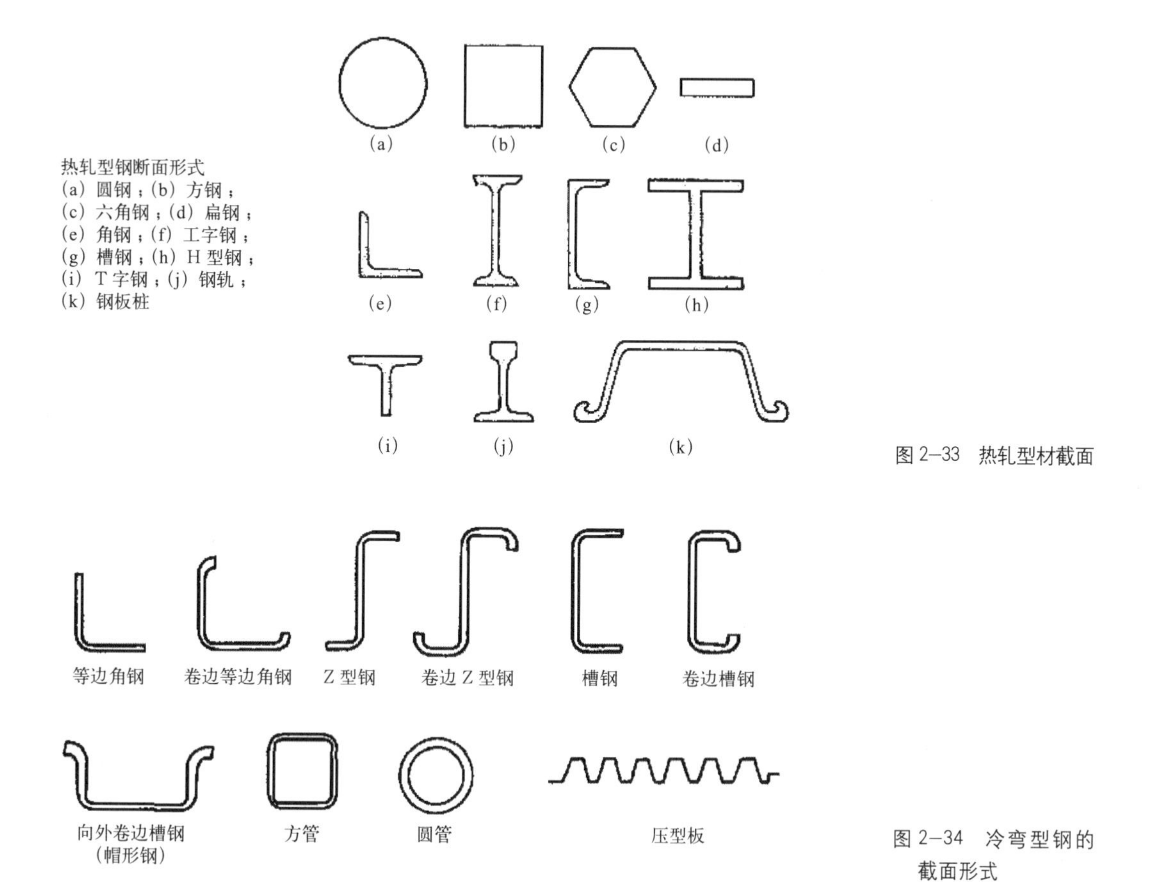


图 2–33 热轧型材截面

图 2–34 冷弯型钢的截面形式

产的等边角钢，其肢宽为 20～200mm，不等边角钢的肢宽为 25mm × 16mm～200mm × 125mm。

槽钢：槽钢即热轧普通槽钢（《热轧型钢》GB/T 706—2016），其表示法如：[32a，指槽钢外廓高度为 32cm，且腹板厚度为最薄的一种。

工字钢：与槽钢相同，也分成上述的两个尺寸系列，普通型和轻型。与槽钢一样，工字钢外轮廓高度的厘米数即为型号，普通型当型号较大时腹板厚度分 a、b 及 c 三种。轻型的由于壁厚薄故不再按厚度划分。两种工字钢表示法如下：I32c，I32Q 等。

H 型钢和剖分 T 型钢：热轧 H 型钢分为三类，即宽翼缘 H 型钢（HW）、中翼缘 H 型钢（HM）和窄翼缘 H 型钢（HN）。H 型钢型号的表示方法是先用符号 HW、HM 和 HN 表示 H 型钢的类别，后面加"高度（毫米）× 宽度（毫米）"，例如：HW300 × 300，即为截面高度为 300mm，翼缘宽度为 300mm 的宽翼缘 H 型钢。剖分 T 型钢也分为三类，即宽翼缘剖分 T 型钢（TW）、中翼缘剖分 T 型钢（TM）和窄翼缘剖分 T 型钢（TN）。剖分 T 型钢是由对应的 H 型钢沿腹板中部对等剖分而成。其表示方法与 H 型钢类同，如 TN225 × 200 即表示截面高度为 225mm，翼缘宽度为 200mm 的窄翼缘剖分 T 型钢。

③冷弯薄壁型钢

冷弯薄壁型钢是用 2～6mm 厚的薄钢板经冷弯或模压而成型的。在国外，冷弯型钢所用钢板的厚度有加大范围的趋势，如美国可用到 1 英寸（25.4mm）厚。

④压型钢板

压型钢板是由热轧薄钢板经冷压或冷轧成型，具有较大的宽度及曲折外形，从而增加了惯性矩和刚度，是近年来开始使用的薄壁型材，所用钢板厚度为 0.4～2mm，用作轻型屋面等构件。

4. 钢楼梯材料的选用

前面对钢材的基础知识有了一定了解后，接着来看一下钢楼梯的材料选用。钢楼梯通常情况下选择 Q235B 钢，至于截面类型要根据构件特点以及装修要求等来确定。

（1）立柱

钢楼梯的立柱有两种情况。一种是钢楼梯的中间休息平台平台梁下方设置的小立柱，用于支撑平台梁。这种小立柱往往采用方钢管或圆钢管，有利于后续的装修。有时考虑到材料采购问题（现场主要用材类型），也会采用槽钢或两个槽钢对焊形成的方钢管。另一种情况就是螺旋楼梯的中间立柱，这种立柱有的是一整根柱子，有的则是一节一节的圆管嵌套组成的。所用圆管大多都是热轧无缝钢管。

（2）平台梁

钢楼梯的楼层平台梁往往利用楼层已有框架梁来使用，不需要另外设计，只要考虑好楼梯梯段与平台梁的连接问题即可。关键是中间休息平台的平台梁由于标高问题，往往都需要单做。对于平台梁截面的选择，首先要通过计算，通常情况下选择槽钢即可，如果是荷载较大的公用楼梯，则需要采用焊接 H 型钢或热轧型钢。

（3）梯段斜梁

钢楼梯的梯段通常情况下选择梁板式梯段。梯段斜梁根据楼梯荷载大小可选择槽钢（荷载较大的公共楼梯）或方钢管甚至钢板（荷载较小的室内楼梯）。

### 2.3.2 钢木楼梯的构造

钢木楼梯一般为梁承式或柱承式结构。梁承式的结构与其他楼梯一样。柱承式是通过钢构件叠加成柱来传递支撑力。除了立柱和踏板以外，还有很多配套的连接件。这些连接件往往都是厂家直接生产的定型产品（图 2–35）。

### 2.3.3 钢木楼梯施工工艺

在了解了钢木楼梯的材料和构造组成后，接下来我们要了解一下钢木楼梯的施工工艺。钢木楼梯的施工包括制作和安装两个环节。钢木楼梯的制作一般是在加工厂进行，施工现场主要是进行钢木楼梯的安装。

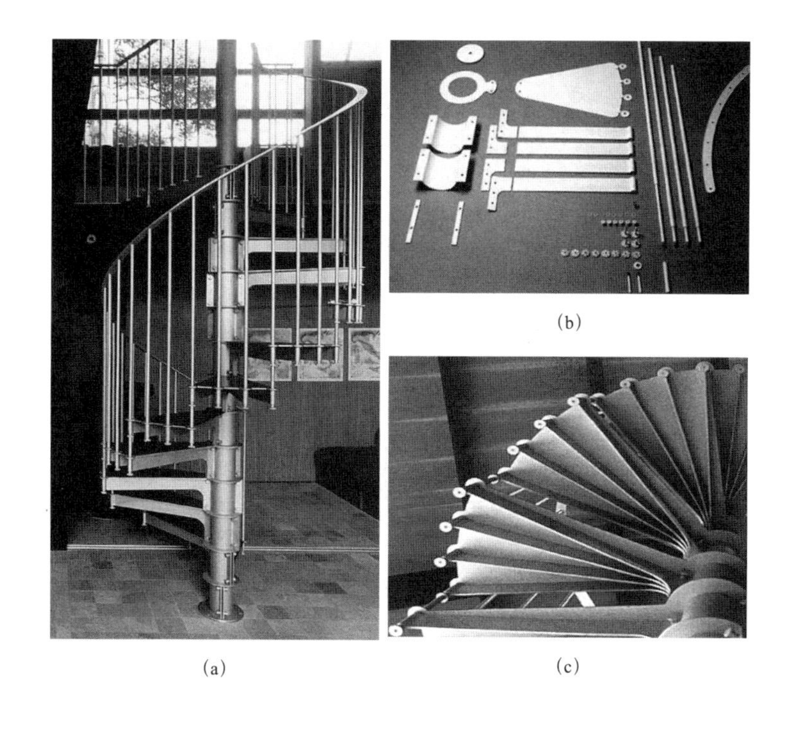

图 2–35 柱承式钢楼梯图
(a) 柱承式旋转楼梯；
(b) 柱承式钢楼梯配件；
(c) 楼梯踏板

1. 作业条件

(1) 施工准备

施工图设计文件齐备。设计文件应明确规定：

①钢木楼梯的结构类型、骨架材质、形式及尺寸规格，安装位置及连接方式等。

②钢木楼梯的骨架材质等级的证书等。

③钢木楼梯进场后，要注意存放保护。

④室内钢木楼梯的安装，应在装饰工程结束后进行。

⑤室内作业温度要在 0℃以上。如存放库房的作业温度与作业空间温度差异大，应放置 24 小时以后，待温度与作业空间温度相近后，方可进行安装。

(2) 工具及机具准备

①钢木楼梯在安装中主要会用到以下工具：

钢卷尺、木折尺、直尺、角尺、油灰刀、靠尺、线坠、螺丝刀、扳手等。

②机具主要有钻孔机具、锚固机具等。

2. 施工工艺流程及操作要点

(1) 施工工艺流程

测量、放线定位——钻孔、安装预埋件——楼梯构件入场——安装钢骨架连接件——安装钢骨架——定位、测量水平度——与地龙骨连接——安装踏板——清理、保护。

(2) 操作要点

①测量、放线定位：按照楼梯的尺寸及设计的位置，进行放线，确定安装的位置。

②钻孔、安装预埋件：按照定位钻孔，安装膨胀螺栓。

③楼梯构件入场：楼梯构件进场，拆开保护层，检查骨架漆面、踏板表面是否有损伤，以及配件数量等是否与设计图纸一致。

④安装钢骨架连接件：将连接件用膨胀螺栓固定到墙体。

⑤安装钢骨架：先测量构件尺寸（图 2–36）将中间段的龙骨连接成整体一段。然后将连接好的整段龙骨挂到前段龙骨（图 2–37）。

⑥定位、测量水平度：定位用卷尺测量左右距离，保证龙骨的位置居中。然后用水平仪测量，保证龙骨的水平摆放（图 2–38）。

⑦连接地龙骨：确定好位置后，将同地面连接的支撑龙骨钻孔。膨胀螺栓深入地面近十厘米，龙骨稳定牢靠（图 2–39）。

⑧安装踏板：将踏板板摆放在龙骨上，通过水平仪保证踏板板水平放置。

⑨将龙骨同踏板板通过螺栓固定：考虑到受力因素，对楼梯的转角踏板板特别加固（图 2–40）。

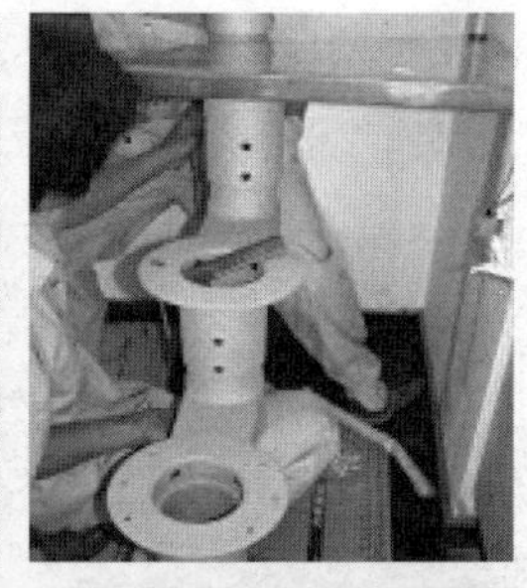

图 2–36　测量构件（左）
图 2–37　安装钢骨架（右）

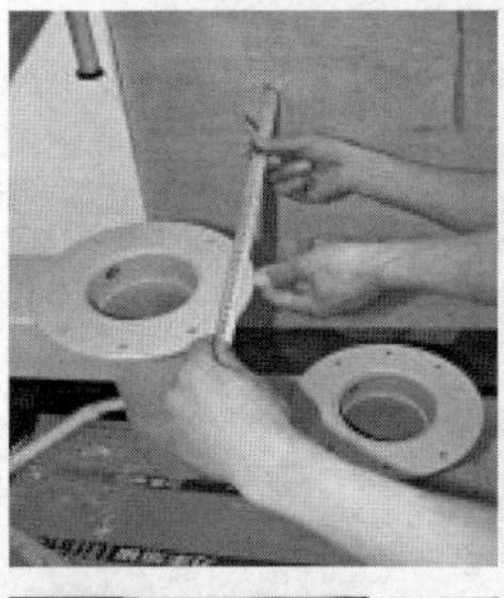

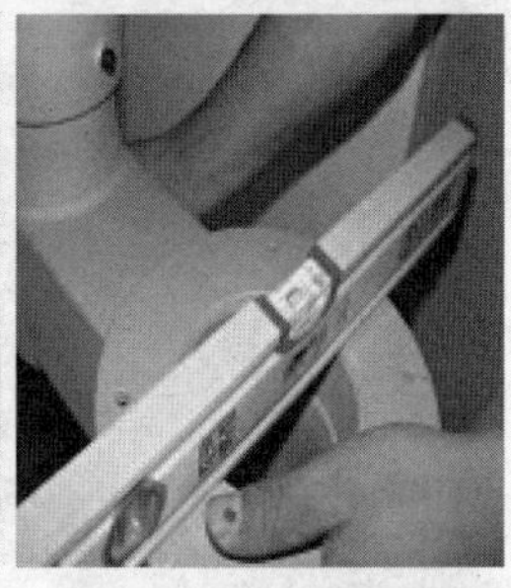

图 2–38　定位、测水平

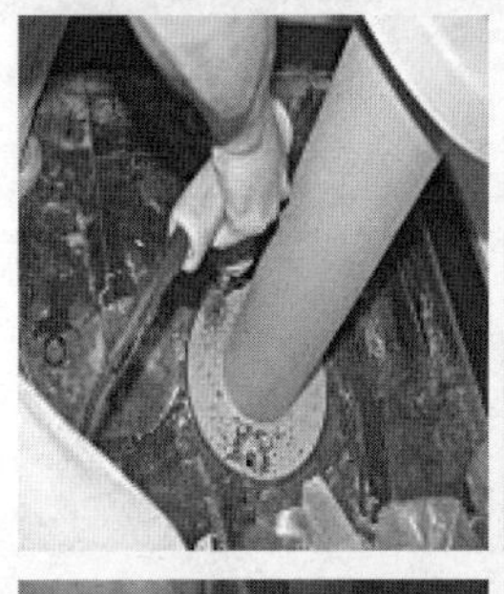

图 2–39　钻孔、固定

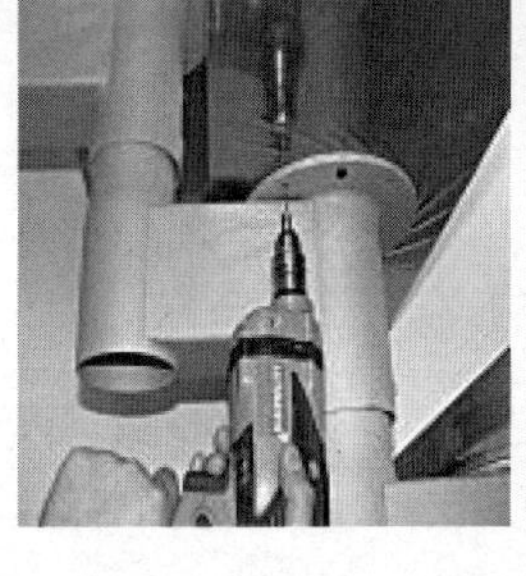

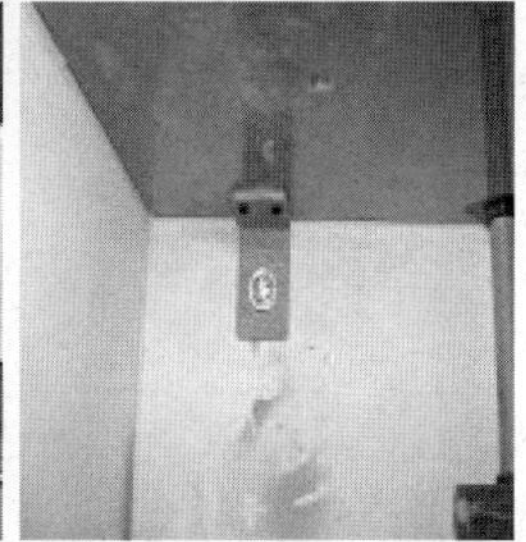

图 2–40　固定踏板

## 2.3.4　钢木楼梯质量检验标准

1. 钢木楼梯应符合设计要求和相关规范的规定。钢木楼梯在运输、堆放和安装等过程中，极易造成骨架和踏板漆面的破损，有任何缺边、掉角、裂痕等缺陷，都会影响装饰和使用效果。

2. 钢木楼梯所使用的其他辅助材料的材质、规格、数量应符合设计要求。

3. 钢木楼梯的安全等级应符合设计要求。

4. 钢木楼梯的造型、尺寸及安装位置应符合设计要求。

5. 钢木楼梯的连接方式及节点应符合设计要求。

### 2.3.5 钢木楼梯的质量问题与防治

1. 楼梯晃动。原因在于连接不牢固。应确保骨架的连接牢固，严格按照螺钉数量进行固定，并确保螺母与螺栓连接牢固。

2. 楼梯踏板不舒适。原因在于不符合人体工学。楼梯在保证安全的前提下，最大的功能就是行走，根据人体工程学理论，在确定楼梯坡度时，首先要考虑行走舒适、攀登效率及三维状态，坡度越陡舒适度越差，坡度一般取值在20°～45°之间，踏板一般与人脚尺寸、步幅相适应。

3. 楼梯踏板行走时有不稳定感。原因在于踏板尺寸存在差异。在同一个楼梯内，踏板的高度、宽度应该是相同的，不应无规律变化，保证坡度与步幅关系恒定。踏板的高度、宽度在同坡度之下，有不同的数值，恰当的范围使人行走感到舒适。一般来讲，高度值较小而宽度值较大，行走时感到舒适。宽度值不能小于240mm，以保证脚的着力点重心落在脚心附近，使脚后跟着力点有90%在踏板上。楼梯的总体宽度以保证通行顺畅为原则，护栏高度根据满足人手自然下垂的前提条件来确定。

4. 踏板表面不干净或有裂纹。原因在于选料不当，材料进场检验不严。钢木楼梯的踏板以玻璃和木质为主。

在检验玻璃质量时，要仔细查看玻璃内是否有气泡、水印、波纹、裂痕等缺陷。玻璃在运输的过程中，也极易造成损伤，因此，玻璃在运输中，要使用专用的立式支架，下部垫上枕木或弹性材料；支架上要铺垫毛毡等软质隔层材料；玻璃与玻璃之间要隔衬弹性或软质材料；外侧要使用缆绳等固定在运输工具上。运输过程中尽量避免路面颠簸等问题。

天然木质容易有虫眼、疤结等缺陷，如木材在加工的过程中工艺不到位，极易造成后期的开裂和变形。

### 2.3.6 实训练习

#### ［项目］ 玻璃钢结构楼梯安装施工

1. 内容：8踏板（含休息平台）的“L”形玻璃钢结构楼梯安装施工。

2. 场景准备：2000mm × 2000mm操作空间。

3. 施工准备：

（1）技术准备

根据所提供的玻璃楼梯踏面及钢骨架构件，绘制安装施工图，制定出安装方案。对学生进行安装前的技术交底和安全教育，并分好作业班组。

（2）材料准备

玻璃楼梯踏面及钢骨架构件一套，及相关连接金属件若干。检验所提供的材料是否符合设计要求和实训要求。

（3）机具准备

按照班组配备施工工具和机具，并进行机具使用操作培训和安全教育。

4. 施工操作：

操作过程中，老师作为现场监理人员，流动巡视，发现问题及时指出，并和学生一起分析发生问题的原因，以及可能造成的影响，怎样可以避免这种问题的发生等。

5. 质量验收：

安装完成后，每班组领取检测工具，根据玻璃钢结构楼梯安装的操作要点进行测量检测，发现问题，并及时纠正。找出原因，提出防范措施。

## 2.4 钢筋混凝土楼梯

**学习目标：**

通过本章节的学习掌握常见钢筋混凝土楼梯的安装施工工艺，能进行钢筋混凝土楼梯的施工质量验收，并对施工质量缺陷进行原因分析和提出修改措施。

钢筋混凝土楼梯拥有自身刚度大、承载能力强、造型方便等优点，因此在各种建筑中被广泛应用，尤其是建筑物的公共楼梯，很多跃层建筑和别墅的内部楼梯也有大量业主喜欢做钢筋混凝土楼梯。本节将详细介绍钢筋混凝土楼梯安装施工的相关内容。

### 2.4.1 材料认知

钢筋混凝土楼梯的材料主要就是混凝土和钢筋两种材料。

1. 混凝土

混凝土是由水泥、砂、石料和水按一定比例混合，经搅拌、浇筑、凝固、养护而制成的。用混凝土制成的构件抗压强度较高，但抗拉强度较低，极易因受拉、受弯而断裂。

钢筋具有良好的抗拉强度，且与混凝土具有良好的黏结能力。为了提高构件的承载力，在构件受拉区内配置有一定数量的钢筋，这种由钢筋和混凝土两种材料结合而成的构件，称为钢筋混凝土构件。钢筋混凝土构件下部钢筋承受拉力，上部混凝土承受压力，与普通混凝土相比大大提高了构件的承载力。为了提高抗裂性，还可制成预应力构件。

混凝土抗压性能极高，按照其抗压强度分为不同的等级，普通混凝土分C15、C20、C25、C30、C35、C40、C45、C50、C55、C60、C65、C70、C75、C80十四个等级，等级越高，混凝土抗压强度也越高。其中C代表混凝土，后面的数字表示混凝土的立方体抗压强度，例如C30表示混凝土的抗压强度为30MPa。

钢筋混凝土构件有现浇和预制两种。现浇是在建筑工地现场浇制，预制是在预制品厂先浇制好，然后运到工地进行吊装，有的预制构件也在现场预制，然后安装。

2. 钢筋

钢筋种类和符号

钢筋是建筑工程中使用量最大的钢材品种之一，钢厂按直条和盘圆供货。钢筋分普通钢筋和预应力钢筋两类。普通钢筋是指用于钢筋混凝土结构中的钢筋和预应力混凝土结构中的非预应力钢筋，普通钢筋的分类及强度见表 2–21。在钢筋混凝土构件中宜采用 HRB400、HRB500、HRBF400、HRBF500，也可采用 HPB300、HRB335、RRB400。预应力钢筋宜采用钢绞线、钢丝和预应力螺纹钢筋。预应力钢筋种类及符号参考《混凝土结构设计规范》GB 50010—2010。

**普通钢筋强度标准值（N/mm$^2$）** **表2–21**

| 牌号 | 公称直径(mm) | 屈服强度标准值 $f_{yk}$ | 极限强度标准值 $f_{stk}$ |
|---|---|---|---|
| HPB300 | 6～22 | 300 | 420 |
| HRB335 | 6～50 | 335 | 455 |
| HRB400<br>HRBF400<br>RRB400 | 6～50 | 400 | 540 |
| HRB500<br>HRBF500 | 6～50 | 500 | 630 |

钢筋的抗拉和抗压强度都很高。普通钢筋的强度设计值见表 2–22。

**普通钢筋强度设计值（N/mm$^2$）** **表2–22**

| 牌号 | 抗拉强度设计值 $f_y$ | 抗压强度设计值 $f_y'$ |
|---|---|---|
| HPB300 | 270 | 270 |
| HRB335 | 300 | 300 |
| HRB400、HRBF400、RRB400 | 360 | 360 |
| HRB500、HRBF500 | 435 | 410 |

## 2.4.2 钢筋混凝土楼梯的构造

钢筋混凝土楼梯按施工方式可分为现浇式和预制装配式两类（图 2–41）。现浇楼梯按梯段的传力特点，有板式楼梯和梁板式楼梯之分。

(a)

(b)

图 2–41 钢筋混凝土楼梯
(a) 现浇式楼梯；
(b) 预制装配式楼梯

1. 板式楼梯

板式楼梯外观美观，多用于住宅、办公楼、教学楼等建筑，目前跨度较大的公共建筑也多采用，板式楼梯荷载的传递途径是：斜板→平台梁→楼梯间墙（或柱），如图 2–42 所示。它具有下表面平整，施工支模方便的优点；缺点则是斜板较厚，当跨度较大时，材料用量较多。

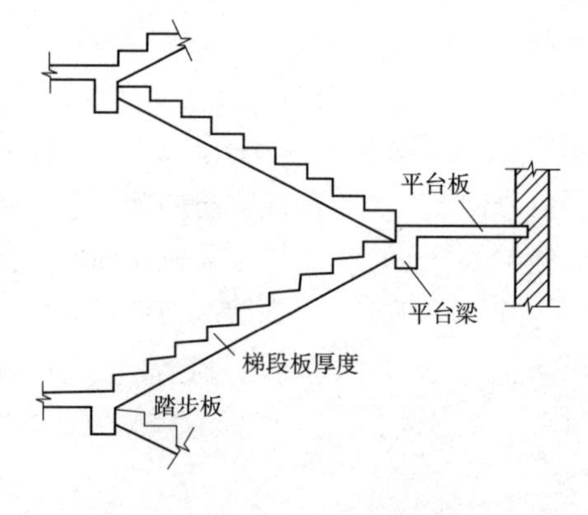


图 2–42 板式楼梯

板式楼梯的斜板受力特点与单向板相似，内部的钢筋主要有纵向受力筋和分布筋，其中纵向受力筋又分为上部纵筋和下部纵筋，分布筋也上下都有。具体构造如图 2–43 所示。

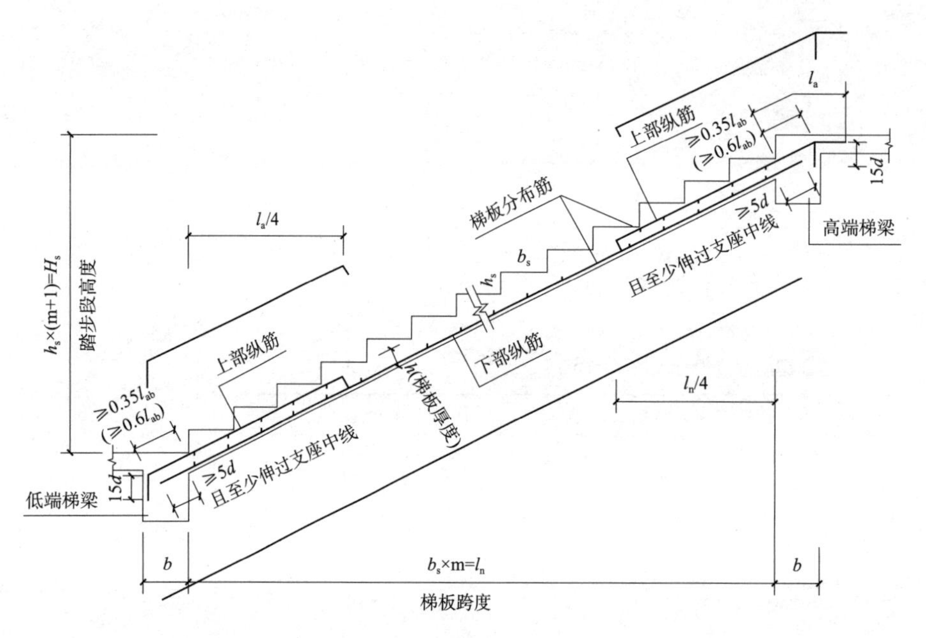


图 2–43 板式楼梯钢筋布置图

2. 梁板式楼梯

在楼梯斜板侧面设置斜梁，斜梁两端支承在平台梁上，平台梁支承在梯间墙上或柱上，就构成了梁板式楼梯（图 2–44）。梯段较长时梁板式楼梯比较经济，但支模及施工都比板式楼梯复杂，外观也显得笨重。

梁板式楼梯荷载的传递途径是：踏步板→斜梁→平台梁→楼梯间墙（或柱）。因此梁板式楼梯的梯板受力钢筋是垂直于斜梁方向的，并且要伸入斜梁一定的锚固长度，而其分布筋则是沿纵向的，平行于斜梁方向。

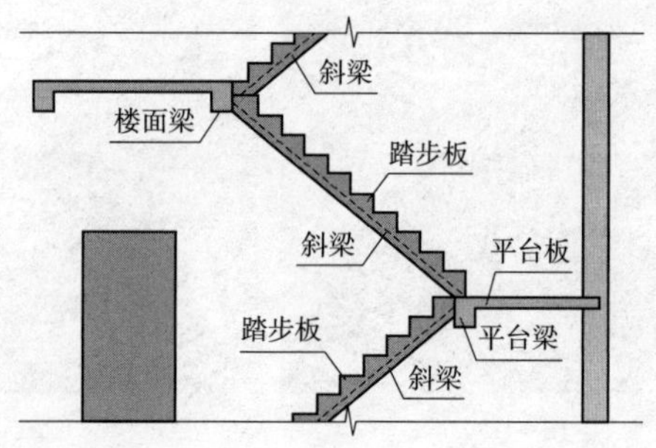


图 2–44 梁板式楼梯构造图

### 2.4.3 钢筋混凝土楼梯施工工艺

1. 楼梯模板支架施工

（1）施工准备

①熟悉施工流程，施工员对木工进行详细交底，做到心中有数，协调默契，减少工序交接时不必要的耗时。

②模板施工前，班组长必须向施工班组进行书面的技术和安全交底。

（2）施工工艺流程

测量放线确定标高——搭设立杆及横杆——铺设底模木方——铺设底模——(钢筋绑扎后)安装梯段板侧模——安装踏步侧模——模板支撑加固——成品保护。

（3）操作要点

①按要求制作好施工缝处锯齿形模板（图 2–45）。

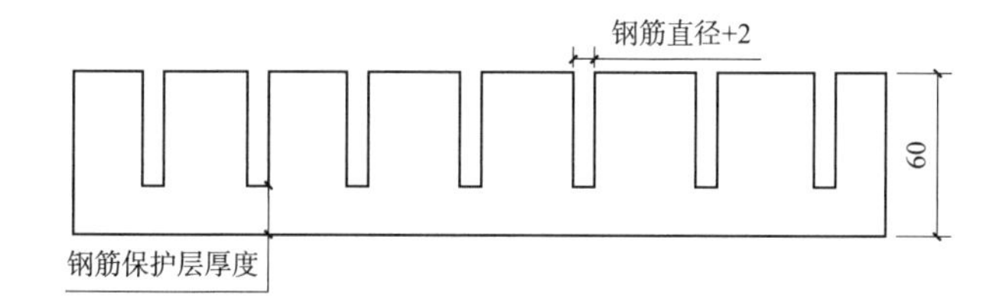


图 2–45 钢筋混凝土楼梯施工缝模板

②模板安装前先测放模板控制线。

③所有楼梯板底模以木胶合板为主，采用 15mm 厚整块木胶合板下设 80mm × 80mm 方木，间距 150mm，下为 $\phi$48 钢管牵杠，牵杠间距 600mm，支撑采用 $\phi$48 钢管整体排架，间距 900mm × 900mm。拼缝处粘设密封胶带，相邻模板缝处粘设海绵条，防止漏浆产生孔洞，木模板涂刷隔离剂后不再浇水湿润，防止浇水后在模板上有积水使楼面板背面产生蜂窝麻面。

④施工缝处模板架设在施工缝处支模及设置锯齿形挡板，既提高了施工缝处的质量，又保证了钢筋的保护层，挡板平面形状如图 2–44 所示。

⑤确定施工缝位置，架设背部挡板，挡住板筋上部混凝土；架设锯齿形挡板，挡住板筋下部混凝土；为钢筋保护层厚度，加钉水平撑板 100mm 宽，撑住挡板。三块板形成施工缝处的整体侧模。

（4）模板现场加工

依据图纸、方案、现场实际尺寸等画出施工范围内梁、板、柱模板的拼板图（要有拼板编号），需调整误差模板（梁中部模和板角部模、柱上部模）应留出 1 ~ 2cm 余量；并据此裁好每块木胶合板（在背面用白粉笔编号）。其中柱模应先把背楞木框钉好(两块模板接头部位要有横背楞)，再在背框上钉板。所有钉眼用腻子填满后粘上胶带纸。

（5）模板支撑搭设安全技术要求

①模板支撑立杆基础为结构板或楼梯板，须在立杆底加设垫板。

②为确保模板支撑体系的稳定，支模区域相邻结构框柱须先行浇筑完成。

③模板支撑立杆接头竖向须垂直，同时严禁接头布置在同一平面上，即立杆接头水平方向不得留设在同一杆件方格内。水平杆连接采用搭接方式，搭接长度 1.0m，设置 3 个扣件。

④模板支撑横、纵向水平杆，与已浇筑的框柱相邻部位须用钢管扣件与框架柱扣箍牢固并顶紧。

⑤严格控制横、纵向水平杆竖向间距（步距）。横、纵向水平杆步距1200mm。板底立杆横纵向间距与主次梁立杆间距相应贯通设置成一个整体，梯梁底立杆纵向最大间距 600mm，次梁底立杆纵向最大间距 600mm。立杆搭设按梁间距离设置后均匀布置。

⑥立杆底脚须双向设置扫地杆。梁底水平横杆与立杆连接须采用双扣件（保险扣）。

⑦浇筑混凝土时控制卸料厚度及浇筑方向，均匀布料。

⑧安排专人在操作区域外巡查模板受力情况，发现异常及时通报处理。避免质量、安全事故发生。

⑨架体搭设须安排专业架子工按要求进行施工，并配合木工处理梁板底杆件的衔接。

2. 钢筋施工

（1）梯梁钢筋绑扎

①按以下次序进行绑扎：将主筋穿好箍筋，按已画好的间距逐个分开——固定弯起筋和主筋——穿次梁弯起筋和主筋，并套好箍筋——放主筋架立筋、次梁架立筋——隔一定间距将梁底主筋与箍筋绑住——绑架立筋——再绑主筋。主次梁同时配合进行。

②梁中箍筋与主筋垂直，箍筋的接头交错设置，箍筋转角与纵向钢筋的交叉点均扎牢。箍筋弯钩的叠合处在梁中交错绑扎。

③弯起钢筋与负弯矩钢筋位置正确；梁与柱交接处，梁钢筋锚入柱内长度符合设计要求。

④梁的受拉钢筋直径小于 25mm 时，可采用绑扎接头。

⑤纵向受力钢筋为双排或三排时，两排钢筋之间垫以直径 25mm 的短钢筋。

⑥主梁的纵向受力钢筋在同一高度遇有边梁时，必须支承在边梁受力钢筋之上，主筋两端的搁置长度保持均匀一致；次梁的纵向受力钢筋支承在主梁的纵向受力钢筋之上。

⑦梁与次梁的上部纵向钢筋相遇处，次梁钢筋应放在主梁钢筋之上。

（2）板钢筋绑扎

①绑扎前修整模板，将模板上垃圾杂物清扫干净，用粉笔在模板上画好主筋、分布筋的间距。

②楼梯板底钢筋不允许搭接，下料时必须考虑一跨楼梯底筋一次到位。

③在楼梯支好的底模上，弹上主筋和分布筋的位置线。按设计主筋和分布筋的排列，先绑扎主筋，后绑扎分布筋，每个交点均绑扎。遇到楼梯梁时，

先绑扎梁钢筋，后绑扎板钢筋，板筋锚固到梁内。

④底板钢筋绑扎完，待踏步模板支好后，再绑扎踏步钢筋，并垫好塑料垫块。

⑤主筋接头数量和位置，均应符合设计要求和施工验收规范的规定。

3. 混凝土施工

①在浇筑楼梯板混凝土时，按由下而上施工顺序。楼梯处的混凝土的下料点分散布置，连续进行，施工缝均留成水平线与竖直缝。

②在浇筑振捣混凝土时，振动器交错有序，快插慢拔，不漏振，不过振，每次的移动距离不超过振动器作用半径的 1.5 倍，振动时间控制在 20 ~ 30 秒。在有间歇时间差的混凝土界面处，为使上、下层混凝土结合成整体，振动器伸入下层混凝土 5cm，特别加强柱接槎处及钢筋较密处的振捣，以确保混凝土无"烂根"、蜂窝、麻面等不良现象。整个振捣作业中，不振模振筋，不碰撞各种埋件、铁件等。

③输送泵在开始压送混凝土前，先压同混凝土强度等级的水泥砂浆润滑管道。布料设备冲击力大，不得碰撞或直接搁置在模板上。

④混凝土养护及拆模：混凝土养护由专人负责，常温施工时在 12 小时以内浇水养护，并不少于 3 昼夜，浇水次数应能保持混凝土处于湿润状态。常温下混凝土强度达到设计强度（强度数值以混凝土抗压试验报告为准）并经监理同意后方可拆除，并及时组织工人修整柱、梁面边角，剔凿上口的浮浆、浮渣，剔凿施工缝的浮浆、浮渣，并用水冲洗干净。

⑤在施工中，组织木工、钢筋工及时配合混凝土的浇筑以便对出现的问题及时进行修正。混凝土浇筑时，如发现钢筋偏位、模板移动等情况，立即停止浇筑，及时报告，待处理后再进行浇筑，禁止隐瞒施工。

### 2.4.4 钢筋混凝土楼梯质量检验标准

《混凝土结构工程施工质量验收规范》GB 50204—2015 中对现浇混凝土楼梯的施工质量验收标准做了如下规定。

1. 模板安装质量的要求

（1）主控项目

①模板及支架用材料的技术指标应符合国家现行有关标准的规定。进场时应抽样检验模板和支架材料的外观、规格和尺寸。

②现浇混凝土结构模板及支架的安装质量，应符合国家现行有关标准的规定和施工方案的要求。

③支架竖杆和竖向模板安装在土层上时，应符合下列规定：土层应坚实、平整，其承载力或密实度应符合施工方案的要求；应有防水、排水措施；对冻胀性土，应有预防冻融措施；支架竖杆下应有底座或垫板。

（2）一般项目

①模板安装质量应符合下列规定：模板的接缝应严密；模板内不应有杂物、

积水或冰雪等；模板与混凝土的接触面应平整、清洁；用作模板的地坪、胎膜等应平整、清洁，不应有影响构件质量的下沉、裂缝、起砂或起鼓；对清水混凝土及装饰混凝土构件，应使用能达到设计效果的模板。

②隔离剂的品种和涂刷方法应符合施工方案的要求。隔离剂不得影响结构性能及装饰施工；不得沾污钢筋、预应力筋、预埋件和混凝土接槎处；不得对环境造成污染。

③模板的起拱应符合国家标准《混凝土结构工程施工规范》GB 50666—2011 的规定，并应符合设计及施工方案的要求。

④现浇混凝土结构多层连续支模应符合施工方案的规定。上下层模板支架的竖杆宜对准。竖杆下垫板的设置应符合施工方案的要求。

⑤固定在模板上的预埋件和预留孔洞不得遗漏，且应安装牢固。有抗渗要求的混凝土结构中的预埋件，应按设计及施工方案的要求采取防渗措施。预埋件和预留孔洞的位置应满足设计和施工方案的要求。

2. 钢筋的质量要求

(1) 一般规定

①浇筑混凝土之前，应进行钢筋隐蔽工程验收。隐蔽工程验收应包括下列主要内容：纵向受力钢筋的牌号、规格、数量、位置；钢筋的连接方式、接头位置、接头质量、接头面积百分率、搭接长度、锚固方式及锚固长度；箍筋、横向钢筋的牌号、规格、数量、间距、位置，箍筋弯钩的弯折角度及平直段长度；预埋件的规格、数量和位置。

②钢筋、成型钢筋进场检验，当满足下列条件之一时，其检验批容量可扩大一倍：获得认证的钢筋、成型钢筋；同一厂家、同一牌号、同一规格的钢筋，连续三批均一次检验合格；同一厂家、同一类型、同一钢筋来源的成型钢筋，连续三批均一次检验合格。

(2) 主控项目

①钢筋安装时，受力钢筋的牌号、规格和数量必须符合设计要求。

②钢筋应安装牢固。受力钢筋的安装位置、锚固方式应符合设计要求。

(3) 一般项目

钢筋安装偏差及检验方法应符合《混凝土结构工程施工质量验收规范》GB 50204—2015 中表 5.5.3 的相关规定，受力钢筋保护层厚度的合格点率应达到 90%及以上，且不得有超过表中数值 1.5 倍的尺寸偏差。

3. 混凝土施工质量的要求

(1) 一般规定

①混凝土强度应按国家标准《混凝土强度检验评定标准》GB/T 50107—2010 的规定分批检验评定。划入同一检验批的混凝土，其施工持续时间不宜超过 3 个月。

检验评定混凝土强度时，应采用 28 天或设计规定龄期的标准养护试件。试件成型方法及标准养护条件应符合国家标准《混凝土物理力学性能试验方法标准》GB/T 50081—2019 的规定。采用蒸汽养护的构件，其试件应先随构件同条件养护，然后再置入标准养护条件下继续养护至 28 天或设计规定龄期。

②当采用非标准尺寸试件时，应将其抗压强度乘以尺寸折算系数，折算成边长为 150mm 的标准尺寸试件抗压强度。尺寸折算系数应按国家标准《混凝土强度检验评定标准》GB/T 50107—2010 采用。

③当混凝土试件强度评定不合格时，应委托具有资质的检测机构按国家现行有关标准的规定对结构构件中的混凝土强度进行推定，并应按《混凝土结构工程施工质量验收规范》GB 50204—2015 第 10.2.2 条的规定进行处理。

④混凝土有耐久性指标要求时，应按行业标准《混凝土耐久性检验评定标准》JGJ/T 193—2009 的规定检验评定。

⑤大批量、连续生产的同一配合比混凝土，混凝土生产单位应提供基本性能试验报告。

⑥预拌混凝土的原材料质量、制备等应符合国家标准《预拌混凝土》GB/T 14902—2012 的规定。

⑦水泥、外加剂进场检验，当满足下列情况之一时，其检验批容量可扩大一倍：获得认证的产品；同一厂家、同一品种、同一规格的产品，连续三次进场检验均一次检验合格。

⑧现浇结构质量验收应符合下列规定：现浇结构质量验收应在拆模后、混凝土表面未做修整和装饰前进行，并应做出记录；已经隐蔽的不可直接观察和量测的内容，可检查隐蔽工程验收记录；修整或返工的结构构件或部位应有实施前后的文字及图像记录。

（2）外观质量

现浇结构的外观质量不应有严重缺陷。对已经出现的严重缺陷，应由施工单位提出技术处理方案，并经监理单位认可后进行处理；对裂缝或连接部位的严重缺陷及其他影响结构安全的严重缺陷，技术处理方案尚应经设计单位认可。对经处理的部位应重新验收。

现浇结构的外观质量也不应有一般缺陷。对已经出现的一般缺陷，应由施工单位按技术处理方案进行处理。对经处理的部位应重新验收。

（3）位置和尺寸偏差

①现浇结构不应有影响结构性能或使用功能的尺寸偏差。对超过尺寸允许偏差且影响结构性能和安装、使用功能的部位，应由施工单位提出技术处理方案，经监理、设计单位认可后进行处理。对经处理的部位应重新验收。

②现浇混凝土楼梯结构的位置和尺寸偏差应满足楼梯相邻踏步高差不大于 6mm，其他位置表面平整度不大于 8mm 的要求。

### 2.4.5 钢筋混凝土楼梯的质量问题与防治

钢筋混凝土楼梯常见的质量缺陷主要有：踏步尺寸误差较大；楼梯表面的蜂窝、麻面、缺楞掉角（图 2–46）；严重的还有出现板底露筋的情况。产生

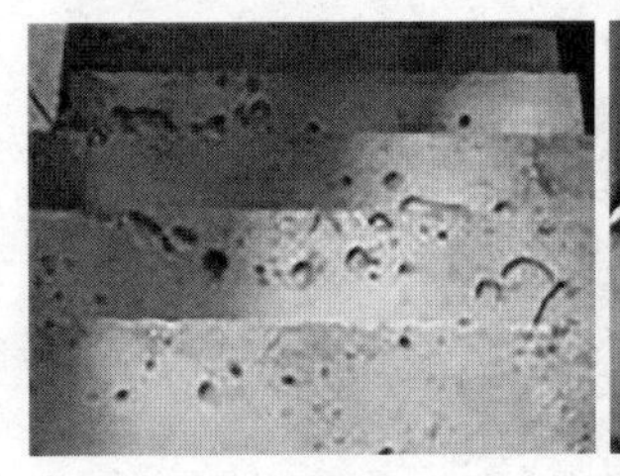
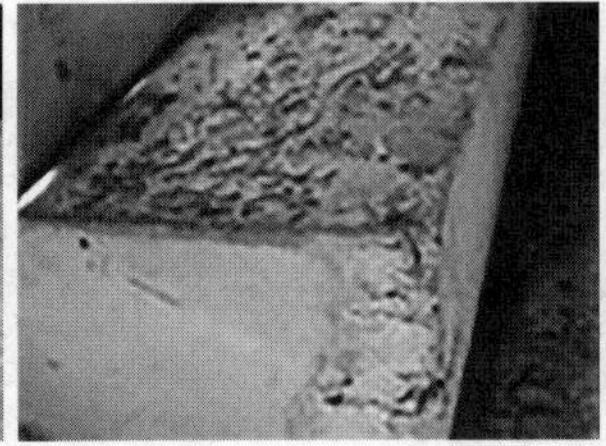
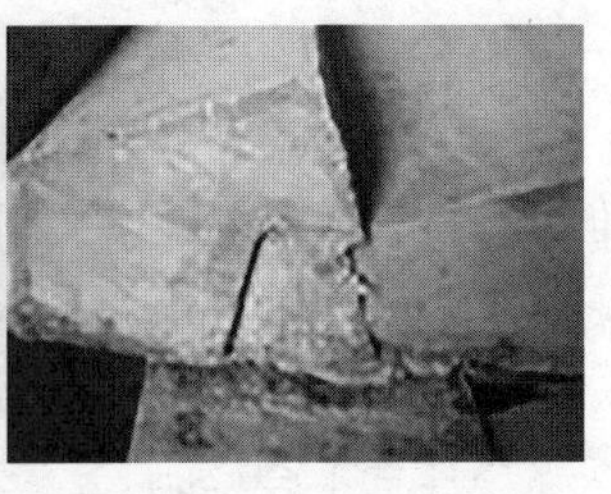

图 2–46　钢筋混凝土楼梯常见质量缺陷

这些质量缺陷的原因是多种多样的，下面将陈述相关的防治措施。

1. 确保模板支撑牢固、稳定，防止模板走位、跑模，引起踏步尺寸误差。施工前应编制施工方案，并对模板支撑顶系统进行施工设计计算，重要部位须交监理验算。严格按施工设计方案安装模板，安装后严格执行“三检”制度，重点检查对拉螺栓、斜撑两端支点。混凝土浇筑过程中选派有经验的木工值班，及时发现问题并解决问题。

2. 确保结构尺寸、界限。模板安装前，必须经过正确放样，检查无误后方能交木工装模。模板安装后，须由测量工对模板尺寸进行校验，符合要求后方能进入下一工序。

3. 防止漏浆。模板应拼缝平整严密。拼缝处内贴胶带。在与下混凝土接槎处，用海绵压缝避免接缝处出现漏浆而造成混凝土“流泪”“烂根”等现象。

4. 防止钢筋网变形走位。在绑扎底板钢筋网前，首先用支撑钢筋搭设骨架，在复核两层之间间距无误时，才铺大量钢筋绑扎。竖向钢筋随着水平钢筋的加高，加支撑钢筋。在模板安好后，加垫保护层，并采用支撑将钢筋与模板定位，加固牢靠，以防走位变形。

5. 确保混凝土不漏振，振捣密实。振动器选工作多年、经验丰富，并经培训过的人员操作；按规定要求，每次振动移动距离不大于 30 ～ 40cm，振动器每次插入下层 5cm。做到“快插慢拔”，保证振捣时间。在混凝土表面不再显著下沉、不再出现气泡时才停止振捣。不准将振动器贴压模板及钢筋上振动。

6. 防止浇筑混凝土时，模板预埋件走位变形。在浇筑混凝土前，施工员、技术员对所有支模的紧固件进行检查、预埋件加固情况进行检查。浇筑混凝土时，派有经验的值班人员检查模板、拉条、支撑情况，并根据混凝土浇筑高度、速度随时收紧松动的螺栓、拉条、支撑等。

7. 防止出现表面裂缝。在梯段板浇筑振捣后，即进行第一次抹平，在终凝前，混凝土表面收水后进行第二次压光抹平，可防止表面裂缝。

### 2.4.6　实训项目

#### ［项目］　钢筋混凝土楼梯模板的设计制作

1. 内容：按给定的钢筋混凝土楼梯详图，设计该楼梯施工时需要的模板。

2. 场景准备：木模板实训室或利用三维 CAD 模拟。

3. 施工准备：

(1) 技术准备

根据所提供的楼梯详图（二维码 2-1、二维码 2-2），绘制模板设计施工图，制订出模板的安装方案。对学生进行安装前的技术交底和安全教育，并分好作业班组。

二维码 2-1　钢筋混凝土楼梯结构施工图传统表达法

(2) 材料准备

12mm 厚胶合板模板、50mm×50mm 木方、100mm×100mm 木方、钢管、扣件等。

(3) 机具准备

按照班组配备施工工具和机具，并进行机具使用操作培训和安全教育。

二维码 2-2　钢筋混凝土楼梯平法施工图

4. 施工操作：

操作过程中，老师作为现场监理人员，流动巡视，发现问题及时指出，并和学生一起分析发生问题的原因，以及可能造成的影响，怎样可以避免这样问题的发生等。

5. 质量验收：

安装完成后，每班组领取检测工具，根据图纸和施工质量验收规范，进行测量检测，发现问题，并及时纠正，找出原因，提出防止措施。

# 3

3　楼梯饰面

**学习目标：**

通过本章节的学习掌握楼梯常见饰面的材料、构造与施工工艺，能进行楼梯饰面的施工与质量验收，并对施工质量缺陷进行原因分析和提出修改措施。

# 3.1 陶瓷地砖饰面

## 3.1.1 材料认知

陶瓷起源于中国，是我们祖先劳动智慧的结晶。在建筑装饰工程中，陶瓷是最古老的装饰材料之一。随着现代科学技术的发展和人们物质生活水平的迅速提高，兼具实用性与装饰性的装饰陶瓷也发展迅速，花色、品种、性能均更为丰富、优良，在装饰装修工程中的应用也更为广泛（二维码 3–1）。

二维码 3–1 陶瓷砖材料

1. 瓷砖的分类

瓷砖，又称为磁砖，是以耐火的金属氧化物及半金属氧化物，经由研磨、配料、压制、制坯、施釉、烧结一系列过程，而形成的一种耐酸碱的瓷质或石质等性质的建筑或装饰材料。其原材料多由黏土、石英砂等混合而成。陶瓷强度高、耐酸碱、耐腐蚀、耐火、耐磨，易于清洁。装饰陶瓷的主要品种有内外墙贴面砖、地砖、陶瓷锦砖、琉璃瓦、陶瓷壁画、陶瓷饰品等。

按照国家分类标准，瓷砖的吸水率将其分为瓷质砖、炻瓷质砖、细炻质砖、和陶质砖。陶质砖＞ 10% ⩾炻质砖＞ 6% ⩾细炻质＞ 3% ⩾炻瓷质＞ 0.5% ⩾瓷质砖。吸水率在 0.5%～10% 的概括称为半瓷砖。

2. 陶瓷原料

陶瓷坯体的主要原料有可塑性原料、瘠性原料、熔剂原料三大类。可塑性原料即黏土原料，它是陶瓷坯体的主体。瘠性原料可降低黏土的塑性，减少坯体的收缩，防止高温烧成时坯体变形。常用的瘠性原料有石英砂、熟料和瓷料。熔剂原料可以降低烧成温度，提高陶瓷坯体的机械强度和化学稳定性，促进坯体致密，从而提高其透光度。常用的熔剂原料有长石、滑石以及钙、镁的碳酸盐等。

（1）黏土

黏土是由多种矿物组成的混合物，是由含长石类的岩石经长期风化而成。具可塑性，是陶瓷坯体生产的主要原料。黏土按习惯分类有四种并具有如下一些性质：

①高岭土是最纯的黏土，可塑性低，烧后颜色从灰到白色。

②黏性土为次生黏土，颗粒较细，可塑性好，含杂质较多。

③瘠性黏土较坚硬，遇水不松散，可塑性小，不易成可塑泥团。

④页岩性质与瘠性黏土相仿，但杂质较多，烧后呈灰、黄、棕、红等色。

（2）石英

石英是自然界分布很广的矿物，其主要成分是 $SiO_2$。石英在高温时发生晶型转变并产生体积膨胀，可以部分抵消坯体烧成时产生的收缩，同时，石英可提高釉面的耐磨性、硬度、透明度及化学稳定性。

（3）长石

长石在陶瓷生产中可作助熔剂，以降低陶瓷制品的烧成温度，也是釉料的主要原料。釉面砖坯体中一般引入少量长石。

（4）滑石

滑石的加入可改善釉层的弹性、热稳定性，加宽熔融的范围，也可使坯体中形成含镁玻璃，这种玻璃湿膨胀小，能防止后期龟裂。

（5）硅灰石

硅灰石是硅酸钙类矿物，硅灰石加入陶瓷制品坯料，能明显地改善坯体收缩、提高坯体强度和降低烧结温度。此外，它还可使釉面不会因气体析出而产生气泡和气孔。

3. 常用于地面的陶瓷砖

（1）釉面砖

釉面砖是正面经过施釉、高温高压烧制处理，吸水率大于 10% 小于 20% 的陶瓷砖。这种瓷砖是由土坯和表面的釉面两个部分构成的，胚体是用瓷土或优质陶土煅烧而成，陶土烧制出来的背面呈红色，瓷土烧制的背面呈灰白色。釉面砖表面可以做各种图案和花纹。釉面砖表面可通过施透明釉、乳浊釉、无光釉、花釉、结晶釉等艺术装饰釉获得各种色彩。氧化钛、氧化钴、氧化铜等色彩成分经高温煅烧，颜色稳定，经久不变。釉面砖表面光洁、易于清理、表面密实、不易渗透，是理想的地面材料。

（2）通体砖

通体砖的表面不上釉，而且正面和反面的材质和色泽一致，因此得名。通体砖花色比不上釉面砖，但是因为整体材料是一致的，所以耐磨性比釉面砖好。通体砖可分为防滑砖、抛光砖和渗花通体砖等，被广泛用于厅堂、过道和室外走道等地面。

防滑砖就是正面有褶皱条纹或凹凸点，以增加地板砖面与人体脚底或鞋底的摩擦力，防止打滑摔倒。最常用于可能有水的空间，例如卫浴间、阳台、厨房等，可以提高安全性，特别适合有老人和小孩的家庭。

抛光砖就是通体砖经过打磨抛光后而成的砖。相对于通体砖的平面粗糙而言，抛光砖就要光洁多了。这种砖的硬度很高，非常耐磨。

在运用渗花技术的基础上，抛光砖可以做出各种仿石、仿木效果。其可分为渗花型抛光砖、微粉型抛光砖、多管布料抛光砖、微晶石等。

（3）玻化砖

玻化砖是石英砂和泥按照一定比例，在 1230℃ 以上的高温下，使砖中的熔融成分呈玻璃态，然后经打磨光亮，但不需要抛光，表面如玻璃镜面一样光滑透亮，是所有瓷砖中最硬的一种，也有人称为瓷质玻化砖。

玻化砖经过高温熔融后，具有了玻璃的表面状态，在吸水率、边直度、弯曲强度、耐酸碱性等方面都比普通釉面砖、抛光砖及一般的大理石要好。其表面更加密实，耐磨性和防渗透性能有很大的提升，因此在地面应用上几乎取代了釉面砖、抛光砖和普通大理石的地位。

玻化砖具有低吸水率、高耐磨性、高强度、耐酸碱等特性。玻化砖产品晶莹典雅、光泽悦目，不含任何对人体有害的放射元素，具有极好的防滑性，是高品质的环保型建材。

### 3.1.2 陶瓷地砖饰面施工

在了解了陶瓷地砖的材料特点后，下面来看一下陶瓷地砖饰面的施工过程。

1. 作业条件

(1) 施工准备

①材料进场复验和相关实验已经完毕并且符合要求。

②对所有施工人员已经进行技术交底，特殊工种必须持证上岗。

③作业环境必须符合满足施工质量可达到的标准的要求。

④结构楼梯施工完成，验收合格，基层洁净，缺陷处理完毕，达到饰面施工的要求。

⑤如有艺术拼花要求，应绘制好拼花大样图，并按照图纸选配好面层材料。

(2) 材料准备

陶瓷地砖施工所需要的材料，主要有陶瓷地砖、水泥、砂子等。

①陶瓷地砖

前面材料认知中，介绍了我们常用的几种陶瓷地砖的特点。由于它位于面层，不仅影响楼梯的装饰效果，而且影响其使用功能和耐久性。因此，应当选用符合有关标准和施工要求的陶瓷地砖，对有裂缝、掉角、翘曲、表面不平、明显色差、尺寸不准确等缺陷的块材，不能用于工程。

②水泥

应当选用强度等级不低于32.5MPa的普通硅酸盐水泥、矿渣硅酸盐水泥和白色硅酸盐水泥。水泥的技术指标应符合国家标准的有关规定，水泥的保质期不得超过三个月，对于受潮有结块的水泥不能再用。

③砂子

在施工中需要用到两种水泥砂浆，一种是找平层砂浆，这种砂浆用过筛后的中砂和粗砂；一种是粘结层砂浆，这种砂浆用中砂和细砂，含泥量不大于3%。

除以上主要材料外，还会用到建筑胶、嵌缝腻子、水等辅助材料。

(3) 工具准备

主要施工工具有：木抹子、铁抹子、钢角尺、钢卷尺、筛子、喷壶、墨斗、刮杠、小水桶、扫帚、橡皮锤、水平尺、线坠、尼龙线、抹布、手提式切割机、石材切割机等。

2. 操作工艺流程

由于材料硬度的差异，釉面砖和通体砖、玻化砖在施工时，流程略有差异。

（1）釉面砖施工工艺

基层清理、洒水润湿——抄平、弹线——选砖、浸砖——裁砖、45°倒角——试铺——铺贴——嵌缝、清理——养护。

（2）通体砖、玻化砖施工工艺

基层清理、洒水润湿——抄平、弹线——选砖——裁砖——试铺——铺贴——嵌缝、清理——养护。

3. 操作要点

（1）基层处理

陶瓷地砖铺贴在结构楼梯上，一般是钢筋混凝土基层，部分二次装修是在原水泥抹灰层上再铺贴陶瓷地砖。为增加陶瓷地砖与基层间的粘结力，一般基层不能过于光洁，需要进行凿毛处理。有的结构楼梯，踏板间尺寸差异较大，可先用水泥砂浆进行简单抄平，以调节踏板间的尺寸。

为防止基层过度吸收粘结层水泥砂浆的水分，导致空鼓、开裂现象的发生，需对基层进行洒水润湿。

（2）抄平、弹线

根据踏板的高度，按照设计要求，确定平面标高位置，在踢面上弹线。

（3）选砖

陶瓷地砖的质量应符合《陶瓷砖》GB/T 4100—2015 标准中的相关规定。

釉面地砖正面外观质量应达到，至少 95% 的砖其主要区域无明显缺陷，缺陷包括缺釉、斑点、裂纹、落脏、棕眼、熔洞、釉缕、釉泡、烟熏、开裂、磕碰、波纹、剥边等。表 3–1 和表 3–2 列出釉面地砖允许的偏差值。

**釉面地砖的规格尺寸允许偏差　　表3–1**

<table>
<tr><td colspan="3" rowspan="3">项目名称</td><td colspan="2">允许偏差/%</td></tr>
<tr><td colspan="2">产品表面面积$S$/cm$^2$</td></tr>
<tr><td>190<$S$≤410</td><td>$S$>410</td></tr>
<tr><td rowspan="2">长度和宽度</td><td>（1）</td><td>每块砖（2或4条边）的平均尺寸相对于工作尺寸的允许偏差</td><td>±0.75</td><td>±0.6</td></tr>
<tr><td>（2）</td><td>每块砖（2或4条边）的平均尺寸相对于10块砖（20或40条边）平均尺寸的允许偏差</td><td>±0.5</td><td>±0.5</td></tr>
<tr><td>厚度</td><td colspan="2">每块砖厚度的平均值相对于工作尺寸厚度的最大允许偏差</td><td>±5.0</td><td>±5.0</td></tr>
</table>

**釉面地砖的边直度、直角度、平面度的允许偏差　　表3–2**

<table>
<tr><td colspan="2">项目名称</td><td>允许偏差/%</td></tr>
<tr><td colspan="2">边直度（正面）相对于工作尺寸的最大允许偏差</td><td>±0.5</td></tr>
<tr><td colspan="2">直角度相对于工作尺寸的最大允许偏差</td><td>±0.5</td></tr>
<tr><td rowspan="3">表面平整度</td><td>（1）对于由工作尺寸计算的对角线的中心弯曲度</td><td>±0.5</td></tr>
<tr><td>（2）对于由工作尺寸计算的对角线的翘曲度</td><td>±0.5</td></tr>
<tr><td>（3）对于由工作尺寸计算的边弯曲度</td><td>±0.5</td></tr>
</table>

玻化砖由于没有釉面，且是在 4800～7800t 的压力下干压成型后经过高温烧结的，表面光洁度高、尺寸精密。其正面外观质量应达到，至少 95% 的砖其主要区域无明显缺陷，缺陷包括斑点、裂纹、落脏、棕眼、熔洞、烟熏、开裂、磕碰、波纹、剥边等。

玻化砖的规格尺寸允许偏差：长度和宽度允许偏差为每块砖（2 或 4 条边）的平均尺寸相对于工作尺寸的允许偏差为 ±1.0mm；厚度为 ±5%。

玻化砖的边直度、直角度、平面度的允许偏差为 ±0.2%，且最大偏差不超过 2.0mm。

釉面砖由于吸水率较高，在铺贴前要浸砖 2 小时以上，然后从水中取出，沥干水分，备用。

玻化砖的吸水率极低，因此铺贴前不需要浸润。

(4) 裁砖

常用到的陶瓷地砖的规格，釉面砖 300mm × 300mm，330mm × 330mm，400mm × 400mm，600mm × 600mm 等，厚度在 8～10mm。

玻化砖 300mm × 300mm，330mm × 330mm，600mm × 600mm，800mm × 800mm 等，厚度 10～12mm。

楼梯的踏板宽度一般在 220～350mm 之间。

因此，一般情况下，根据楼梯最宽的踏板尺寸进行裁砖。高度也选最大高度。这样装饰出来的楼梯踏板才能是一致的。

由于砖坯的密实程度不同，釉面砖较为松软，在踏面和踢面相交的阳角处，一般裁割为 45° 斜角，进行对拼（图 3–1）。而通体砖、玻化砖的硬度较高，一般采用直角封边（图 3–2）。

地砖的尺寸规格、外观质量、色彩、花纹等应符合设计要求。在瓷砖的裁割、浸润、晾晒过程中，不得使陶瓷地砖产生破损。

(5) 试铺

在正式铺贴前，将陶瓷地砖裁割好后，进行试铺。对图案、花纹、色差及允许的尺寸偏差进行调整。将非整砖位置调整到靠墙位置或者护栏下方。严禁将非整砖铺贴在显眼的位置。

(6) 铺贴

铺贴是最关键的施工环节，直接关系到工程的质量。在铺贴操作时，先用方尺找好规矩，依据标准块和分块位置每行依次挂线，按照挂线进行铺贴。

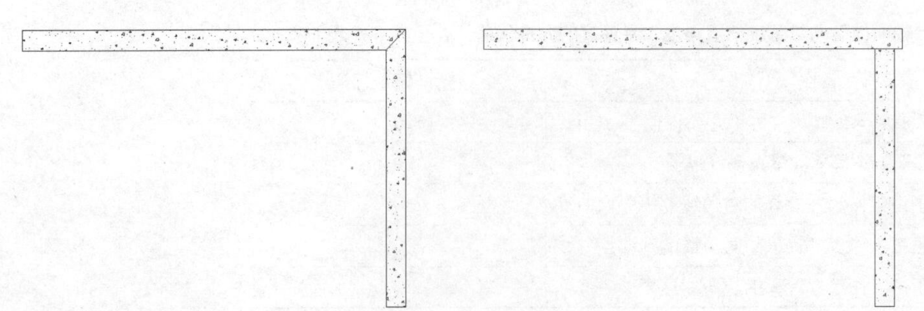

图 3–1　釉面砖拼口（左）

图 3–2　玻化砖盖口（右）

最下面一块踢面板和最上面一块踢面板找好规矩后，先按照设计要求临时固定，然后挂线，铺贴挂线起到面层标筋的作用，以便使每个踏板都是等高的。铺贴中用水灰比为 1 ∶ 3 或 1 ∶ 4 的干硬性水泥砂浆做基层，基层厚度在 2.5～3cm，水泥素浆或 1 ∶ 2 水泥砂浆做粘结层砂浆，固定在基层的找平层上，并用橡皮锤均匀敲实，同时用水平尺检查校正，擦干净板面上的水泥砂浆，检测标高和缝隙是否符合要求。如果缝隙有误差可用刀拨缝进行调整，对板块低的部分应取下瓷砖用水泥砂浆垫高找平再重新铺贴。地砖与砂浆之间应连接紧密、牢固，砂浆应饱满，并严格控制砂浆厚度。铺贴完成后，水泥浆凝结前，应用抹布将表面的灰浆清理干净，避免因陶瓷地砖的质量问题，发生渗色，影响表面的洁净度和装饰效果。

釉面砖 45° 角对拼时，刨好 45° 的位置上，不能有水泥砂浆，否则很难做到密缝。

楼梯铺贴自下往上进行铺贴，铺贴分两侧进行。先铺好一侧，再铺另一侧，留出通行位置。陶瓷地砖铺贴好后，面层应坚实、平整、洁净，接缝线路应顺直、平整，没有空鼓、松动、脱落、缺棱、掉角、污染等缺陷。

（7）嵌缝、清理

施工 2 天后，可进行嵌缝。陶瓷地砖的缝宽应符合设计要求。当设计无要求时，密缝施工的缝隙宽度不宜大于 1mm，离缝施工的缝隙宽度宜为 3mm。

嵌缝前将缝口处理干净，刷水润湿，用水泥浆或者嵌缝腻子，进行嵌缝。嵌缝的深度宜为板厚的 2/3，嵌缝应采用同品种、同标号、同强度等级的水泥，随做随清理板面，并做好养护工作。如为彩色地砖，则使用同色嵌缝材料进行嵌缝。嵌缝做到密实、平整、光滑、均匀，嵌缝材料凝结前，彻底清除表面沾染的材料，严禁扫浆灌缝，以免污染板面。

（8）养护

铺贴完成 24 小时以后，应洒水养护，养护期为 7 天，养护期间不准上人。

### 3.1.3 陶瓷地面质量检验标准

1. 主控项目

（1）地板砖面层所用的板块的品种、质量必须符合设计要求。

检验方法：观察地板砖表面质量，检查地板砖合格证明文件及检测报告。

（2）地板砖面层与下一层的结合（粘结）应牢固，无空鼓。

检验方法：小锤轻击检查。

2. 一般项目

（1）地板砖面层的表面应洁净、图案清晰，色泽一致，接缝平整，深浅一致，周边平直，板块无裂纹、掉角和缺棱等缺陷。

检验方法：观察检查。

（2）地板砖面层邻接处的镶边用料及尺寸应符合设计要求，边角整齐、光滑。

检验方法：观察和用钢尺检查。

(3) 楼梯踏板和台阶板块的缝隙宽度应一致、齿角整齐；楼段相邻踏板高度差不应大于 10mm；防滑条顺直。

检验方法：观察和用钢尺检查。

(4) 地板砖面层表面的坡度应符合设计要求。

检验方法：观察或用坡度尺检查。

(5) 地板砖面层的允许偏差应符合表 3–3 的规定。

**陶瓷地砖面层允许的偏差和检验方法** **表3–3**

| 项目 | 允许偏差/mm | | 检验方法 |
|---|---|---|---|
| | 釉面砖 | 玻化砖 | |
| 表面平整度 | 2.0 | 1.0 | 用2m靠尺和楔形塞尺检查 |
| 缝格平直 | 2.0 | 2.0 | 用钢尺检查 |
| 接缝高低差 | 0.5 | 0.5 | 用钢尺和楔形塞尺检查 |
| 板块间隙宽度 | 2.0 | 1.0 | 用钢尺检查 |

### 3.1.4 陶瓷地砖易出现的质量问题原因及防治

1. 地板砖空鼓

原因：

(1) 光滑的水泥地坪没有凿毛或凿毛的点距过大。

(2) 铺贴前地面没有充分的洒水湿润。

(3) 粘结层水泥砂浆过稀或找平层水泥砂浆过稀。当水泥砂浆过稀时，凝结硬化过程中水分蒸发使水泥砂浆过度收缩而引起空鼓。

(4) 地板砖（玻化砖除外）使用前没有浸水。普通地板砖有一定的吸水率，如不进行浸水处理，铺贴后地板砖会迅速地吸收水泥砂浆中的水分，从而影响粘结效果造成地板砖的空鼓。

(5) 水泥砂浆没有抹平或粘结层的水泥砂浆没有抹匀，造成局部缺浆，而使地板砖空鼓。

(6) 地板砖铺放时一边或一角先着地，先着地的一边或一角将水泥砂浆挤走，造成先着地的一边或一角空鼓。

(7) 用橡皮锤或木锤敲平振实时，猛敲地板砖的一角或一边，而造成被敲的一角或一边空鼓。

(8) 地板砖铺贴过程中或铺贴后的养护过程中，地板上面上人或放置重物而造成地板砖空鼓。

(9) 养护不当或地板铺贴后受冻使地板砖空鼓。

防治措施：

(1) 光滑的水泥地坪必须打毛，打毛的点距为 30mm 左右。

(2) 铺贴前一天地面要充分地洒水湿润。

（3）粘结层水泥砂浆和找平层水泥砂浆不能过稀。粘结层水泥砂浆的稠度为 35mm 左右；找平层水泥砂浆的稠度应以手捏成团，落地即散为宜。

（4）地板砖（玻化砖除外）使用前必须浸水，晾至表面无明水时再使用。

（5）水泥砂浆或粘结层的水泥素浆要抹匀抹平。

（6）地板砖铺放时严禁一边或一角先着地，而应四边或四角同时平稳着地。

（7）用橡皮锤或木锤敲平振实时，严禁敲地板砖的一角或一边，而应该敲地板砖靠近中心的部位。

（8）地板砖铺贴过程中或铺贴后的养护过程中，地板上面禁止人员走动。如有相关作业而必须通过时，可加垫走道板通行，但应当尽量减少通行次数。

（9）地板砖铺贴后 24 小时要洒水养护，养护过程中要保持地板表面湿润。温度过低时要采取必要的防冻措施。

2. 地板砖表面不平整

原因：

（1）施工时砂浆过稀造成水分局部蒸发过快而引起局部下陷。

（2）水泥砂浆没有拌合均匀造成干湿不匀，水分蒸发时砂浆的收缩不一致而使地板的表面不平整。

（3）铺贴地板时没有拉通线或拉线没有拉紧造成中间下垂。

（4）铺贴时只靠拉线定水平，而没有用水平尺测量平整。

（5）地板铺贴后，没有进行二次排平。

（6）地板铺贴过程中或铺贴后的养护过程中，地板上面上人而造成地板空鼓。

（7）地板的质量问题。

防治措施：

（1）施工时砂浆不能过稀。

（2）水泥砂浆要拌合均匀，最好用砂浆搅拌机拌合。

（3）铺贴地板时要拉通线，拉线要平且拉紧。

（4）铺贴时不但要拉线定水平，而且每铺一块砖即用水平尺测量平整度。

（5）因为楼梯地面铺贴的时候分两侧进行，其干燥时间有先后，造成地板收缩不同步，尤其在施工接茬处更为明显。所以在接茬处，后铺的地板应稍高出原先地板 0.5mm 左右，一般应在 2 小时之内再进行一次排平，排至与原先铺好的地砖高度一致。

（6）楼梯铺贴过程中或铺贴后的养护过程中，上面禁止人员走动。如有相关作业或必须通过时，可加垫走道板通行，但应当尽量减少通行次数。

（7）选用合格的地板。

3. 地板砖的接缝处不平，宽窄不一

原因：

（1）地板砖的规格偏差较大。

（2）地板砖在使用前没有进行板缝的调整。

防治措施：

（1）选用合格的地板砖。

（2）地板砖在使用前必须进行试铺，当尺寸规格偏差较大时，应进行调整。

4. 使用一段时间后，地板砖表面出现开裂或产生大面积跳起

原因：

（1）水泥砂浆中的水泥强度等级过大，致使砂浆硬化后体积收缩过大，造成板面拉裂。

（2）水泥砂浆中的砂使用了细砂或中细砂。细砂的吸水率过大，同等拌合稠度所需水量大，多余的水分蒸发造成砂浆体积收缩率过大，将板面拉裂。

（3）水泥砂浆过稀。

（4）结构沉降引起地板开裂。

（5）水泥砂浆冻结。

防治措施：

（1）水泥砂浆中的水泥标号不宜过大，强度等级应为 32.5MPa 或 42.5MPa。

（2）水泥砂浆中的砂应使用粗砂或中粗砂。

（3）水泥砂浆拌合不能过稀。

（4）结构易沉降处应将地板砖连同水泥砂浆层切开，或做过渡条。

（5）地板铺设时，气温不能过低，现场温度高于 5℃时才能施工。

### 3.1.5 案例

1. 基层处理，表面凿毛，洒水润湿（图 3–3）。

2. 使用钢角尺抄平，弹线（图 3–4）。

图 3–3 基层处理（左）
图 3–4 抄平弹线（右）

3. 选砖，挑选边角顺直、尺寸误差小的砖，釉面砖需要浸砖（图 3–5）。配置找平层砂浆和粘结层砂浆（图 3–6）。

4. 按照设计要求，取最大尺寸进行裁砖，釉面砖在踏面和踢面相交处裁 45° 斜角（图 3–7）。

(a) (b)

图 3-5　选砖、浸砖

(a) 选砖；(b) 浸砖

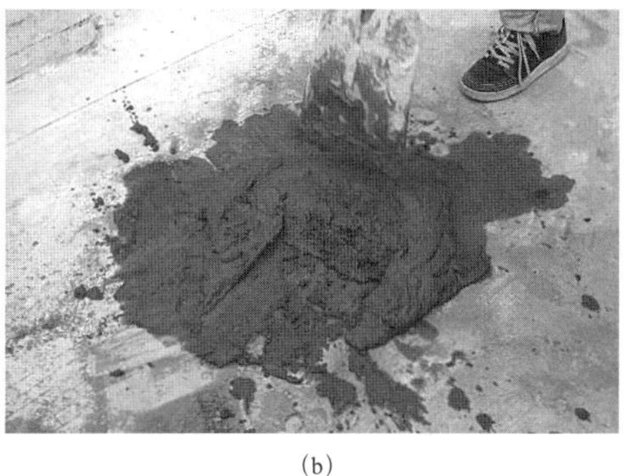

(a) (b)

图 3-6　配置水泥砂浆

(a) 1 ∶ 3 的找平层水泥砂浆；

(b) 1 ∶ 2 的粘结层水泥砂浆

(a) (b)

图 3-7　裁砖

(a) 量出最大宽度；

(b) 倒 45°角

5. 试铺，确定砂浆层厚度（图 3-8）。

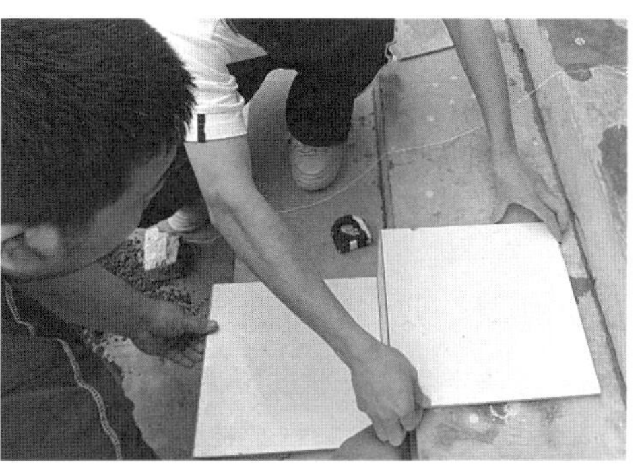

图 3-8　试铺，确定砂浆厚度

图 3–9　铺贴瓷砖（左、中）

图 3–10　铺贴完成（右）

6. 铺贴陶瓷地砖（图 3–9）。

7. 铺贴完成，嵌缝清理，根据设计要求，用水泥或同色的嵌缝腻子嵌缝（图 3–10）。

8. 清理表面，养护。养护期为 7 天。养护期间严禁上人或放置重物。

### 3.1.6　实训练习

#### [项目 1]　釉面砖楼梯饰面铺贴

1. 内容：2～3 踏板的混凝土楼梯釉面砖饰面施工。

2. 场景准备：2000mm 宽，2～3 个踏板的混凝土楼梯。

3. 施工准备：

（1）技术准备

根据所提供的混凝土楼梯绘制铺装施工图，制定出铺装方案。对学生进行安装前的技术交底和安全教育，并分好作业班组。

（2）材料准备

300mm × 300mm 或 330mm × 330mm 釉面砖 8～12 块，水泥、砂子若干。检验所提供的材料是否符合设计要求和实训要求。

（3）机具准备

按照班组配备施工工具和机具，并进行机具使用操作培训和安全教育。

4. 施工操作：

操作过程中，老师作为现场监理人员，流动巡视，发现问题及时指出，并和学生一起分析发生问题的原因，以及可能造成的影响，怎样可以避免这种问题的发生等。

5. 质量验收：

安装完成后，每班组领取检测工具，根据制定的铺装方案中的操作要点进行测量检测，发现问题，并及时纠正。找出原因，提出防范措施。

#### [项目 2]　玻化砖楼梯饰面铺贴

1. 内容：2～3 踏板的混凝土楼梯玻化砖饰面施工。

2. 场景准备：2000mm 宽，2～3 个踏板的混凝土楼梯。

3. 施工准备：

（1）技术准备

根据所提供的混凝土楼梯绘制铺装施工图，制定出铺装方案。对学生进行安装前的技术交底和安全教育，并分好作业班组。

（2）材料准备

600mm×600mm 或 800mm×800mm 玻化砖 4～8 块，水泥、砂子若干。检验所提供的材料是否符合设计要求和实训要求。

（3）机具准备

按照班组配备施工工具和机具，并进行机具使用操作培训和安全教育。

4. 施工操作：

操作过程中，老师作为现场监理人员，流动巡视，发现问题及时指出，并和学生一起分析发生问题的原因，以及可能造成的影响，怎样可以避免这种问题的发生等。

5. 质量验收：

安装完成后，每班组领取检测工具，根据制定的铺装方案中的操作要点进行测量检测，发现问题，并及时纠正。找出原因，提出防范措施。

## 3.2 石材饰面

### 3.2.1 材料认知

天然石材是人类发展历史上最早的建筑材料，具有天然之美，装饰着人们的室内外环境，在古今中外建筑史上谱写了石材的雄伟篇章，创作出石材的绚丽佳作，形成了独特的石文化，成为世界灿烂文化中的重要组成部分。

在室内外设计领域石材以其坚实的质地、绚丽的色彩，典雅或富丽华贵的装饰风格深受人们喜爱。将自然风格融入室内环境，创造出轻松悠然的氛围。

1. 石材的分类

建筑装饰石材包括天然石材和人造石材两大类。

天然石材按照其生成的因素而衍生出众多种类，最通常的分类是将石材分为砂岩、板岩、大理石和花岗石四大类。

（1）砂岩

砂岩实为沉积岩，石质较粗松，受潮时有可能松散变形；但因具有独特的凹陷粗糙质感，较接近山林间粗犷自然的感觉，故较常运用于墙面装修。

（2）板岩

板岩是具有板状结构，基本没有重结晶的岩石，是一种变质岩，原岩为泥质、粉质或中性凝灰岩，沿板理方向可以剥成薄片。板岩的颜色随其所含有的杂质不同而变化，含铁的为红色或黄色；含碳质的为黑色或灰色；含钙的遇盐酸会起泡，因此一般以其颜色命名分类，如绿色板岩、黑色板岩、钙质板岩等。

板岩可以作为建筑材料和装饰材料，古代在盛产板岩的地区常用做瓦片。

板岩中一般不含有矿物。板岩常用作地面装饰材料。

(3) 大理石

大理石属于碳酸盐类变质岩，原是海底的石灰泥慢慢沉积、结晶而成为石灰石；遇地层的震动而遭高压及高温产生变化，最显著的便是结晶体的变大变硬，形成所谓大理石。其纹理因生成时所含的杂质不平均，且经地层运动形成较活泼的大型图腾变化的感觉，形成仿佛山水的天然大理石纹路。普通耐用年限为150年。

(4) 花岗石

花岗石是一种火成岩浆岩，是由于地层表面的岩石、砂石经风化，慢慢移向海底的深沟，一次次的地壳移动，又慢慢将它们吞食到地心并被超高温熔化。因为岩浆的密度低于周遭的岩石，故又被逐渐地向上推动，冷却后就形成了新的3–D结晶体（火成岩）。也因为是3–D结晶体，故其纹理较小，花纹有立体和结晶的感觉，甚至有些花岗石在光线照射下，会散发出闪烁耀眼的光泽。其主要成分为长石、石英和云母等，普通耐用年限为200年。

就其他特性而言，大理石属于石灰石，硬度比花岗石低，亦不耐酸性侵蚀，故不适合用于户外，在久经日照及雨水的冲刷下容易变形、腐蚀；而花岗石硬度较高，并耐酸碱，所以大多数铺设于室外或者往来频繁的公共空间。

(5) 人造石材

人造石材包括水磨石、人造大理石、人造花岗石和其他人造石材，与天然石材相比，人造石材具有质量轻、强度高、耐污耐磨、造价低廉等优点，从而成为一种很有发展前途的装饰材料。

综上所述，用于楼梯饰面装饰的石材主要为花岗石和部分含杂质较少、有一定硬度的大理石，以及水磨石等人造石材。

2. 天然石材的材料特点（二维码3–2）

(1) 天然大理石的材料特点

天然大理石属中硬石材，表面硬度一般不大，比较密实，其密度（容重）一般为每2500～2600kg/m$^3$；抗压强度较高，吸水率低；颜色变化较多，有美丽图案和花纹；天然大理石一般含有杂质，并且易风化而使表面很快失去光泽，耐磨性差，长期暴露在室外条件下容易失去光泽、掉色甚至裂缝。所以除少数如汉白玉、艾叶青等质纯杂质少、较稳定耐久的品种可以用于室外装饰外，一般只用于室内墙面装饰。

二维码3–2　大理石、花岗石材料

(2) 天然大理石板的分类、等级和标记

①分类：我国《天然大理石建筑板材》GB/T 19766—2016规定，其板材的形状可分为毛光板（MG）、普型板（PX）、圆弧板（HM）、异型板（YX）四类。按照表面加工分为：镜面板（JM）和粗面板（CM）两类。

②等级：按加工质量和外观质量分为A、B、C三个等级。

③命名和标记：板材名称采用《天然石材统一编号》GB/T 17670—2008规定的名称和编号。

3. 天然花岗石的材料特点

花岗石构造致密、强度高、密度大、吸水率极低、材质坚硬、耐磨，属硬石材。花岗石的化学成分有 $SiO_2$、$Al_2O_3$、CaO、MgO、$Fe_2O_3$ 等，其中 $SiO_2$ 的含量常为 60%以上，因此其耐酸、抗风化、耐久性好，使用年限长。从外观特征看，花岗石常呈整体均粒状结构，称为花岗结构。品质优良的花岗石，石英含量高、云母含量少、结晶颗粒分布均匀、纹理呈斑点状、有深浅层次，这也是从外观上区别花岗石和大理石的主要特征。

花岗石的颜色主要由正长石的颜色和云母、暗色矿物的分布情况而定。其颜色有黑白、黄麻、灰色、红黑、红色等。

4. 天然花岗石板材的分类、等级和标记

（1）分类：我国《天然花岗石建筑板材》GB/T 18601—2009 规定，其板材的形状可分为毛光板（MG）、普型板（PX）、圆弧板（HM）、异型板（YX）四类；按照表面加工分为：镜面板（JM）、细面板（YG）和粗面板（CM）三类。

花岗石按加工方法不同可分为以下几种：

1）剁斧板：表面粗糙、具有规则的条状斧纹。一般用于室外地面、台阶、基座等处。

2）机刨板：表面平整、具有平行刨纹。一般用于室外地面、台阶、基座、踏板等处。

3）粗磨板：表面平滑无光。一般用于室外地面、台阶、基座、纪念碑、墓碑等处。

4）磨光板：表面平整、色泽光亮如镜、晶粒显露。多用于室内外墙面、柱面、地面等装饰。

5）烧毛板：经高温火焰烧烤，表面因晶体变异而稍显粗糙，颜色变浅，多用于外墙装饰。一般作为对同类石材的分色使用（即磨光板墙面用烧毛板分色）。

（2）等级：天然花岗石板材根据国家标准《天然花岗石建筑板材》GB/T 18601—2009，按加工质量和外观质量分为：

1）毛光板按厚度偏差、平面度公差、外观质量等将板材分为优等品（A）、一等品（B）、合格品（C）三个等级。

2）普型板按规格尺寸偏差、平面度公差、角度公差、外观质量等将板材分为优等品（A）、一等品（B）、合格品（C）三个等级。

3）圆弧板按规格尺寸偏差、直线度公差、线轮廓度公差、外观质量等将板材分为优等品（A）、一等品（B）、合格品（C）三个等级。

（3）命名与标记：天然花岗石板材的名称采用《天然石材统一编号》GB/T 17670—2008 规定的名称和编号。

### 3.2.2 石材饰面施工

在了解了天然石材的材料特点后，下面来看一下石材饰面的施工过程。

1. 作业条件

（1）施工准备

①材料进场复验，相关实验已经完毕并且符合要求。

②对所有施工人员已经进行技术交底，特殊工种必须持证上岗。

③作业环境必须符合满足施工质量可达到的标准的要求。

④结构楼梯施工完成，验收合格、基层洁净，缺陷处理完毕，达到饰面施工的要求。

⑤如有艺术拼花要求，应绘制好拼花大样图，并按照图纸选配好面层材料。

⑥石材复验放射性指标限量符合室内环境污染控制规范的规定。

（2）材料准备

石材装饰施工所需要的材料，主要有石材、水泥、砂子等。

①石材

石材面板材料应按照设计要求的品种、规格和颜色进场，进场时应严把质量关，对于有翘曲、歪斜、厚薄不等、缺边掉角、裂纹明显、存有隐伤、局部污染和颜色不匀的石材坚决应予剔除，对于表面比较完好的石材面板应套方进行检查，规格尺寸如有偏差，应磨边加以修正。

用草绳等易褪色材料包装花岗岩板材时，在拆包前应防止受潮和污染；材料进场后应堆放于施工现场合适的地方，石材的下方应垫方木，板块叠合之间应用软质材料垫塞，以防止板块受到损伤。

②水泥、砂子等粘结材料

石材地面的粘贴一般多用水泥砂浆作为粘结材料，水泥的强度等级不宜低于 32.5MPa，结合层用砂采用过筛的中砂、粗砂，灌填缝隙的材料宜选用中砂和细砂，砂子的质量应符合国家标准《建设用砂》GB/T 14684—2011 中的规定。

另外，还要选用建筑密封胶或 108 胶水，颜料应选用矿物颜料，并且要一次备足。

（3）工具准备

主要施工工具有：木抹子、铁抹子、钢角尺、钢卷尺、筛子、喷壶、墨斗、长短刮杠、小水桶、扫帚、橡皮锤、水平尺、线坠、尼龙线、抹布、石材切割机等。

2. 操作工艺流程

基层清理、洒水润湿——抄平、弹线——挑选石材板块——试铺、编号、确定找平层砂浆厚度——刷素水泥浆结合层——铺找平层砂浆——抹粘结层砂浆——铺贴石材——嵌缝、清理——养护——打蜡、上光。

3. 操作要点

（1）基层处理

石材铺贴在结构楼梯上，一般是钢筋混凝土基层，部分二次装修是在原水泥抹灰层上再铺贴石材。基层砂浆杂物彻底清除干净，凸出物铲除，凹陷处进行填补。光洁的水泥砂浆地坪，需要进行凿毛处理。有的结构楼梯，踏板间尺寸差异较大，可先用水泥砂浆进行简单抄平，以调节踏板间的尺寸。

为防治基层过度吸收粘结层水泥砂浆的水分，导致空鼓、开裂现象的发生，需对基层进行洒水润湿。

（2）抄平、弹线

根据踏板的高度，按照设计要求，确定平面标高位置，在踢面上弹线。

（3）挑选石材

挑选石材是石材饰面施工顺利进行的基本保证，在石材铺贴前要对板材进行试拼、对花、对色、编号，以使铺出的石材地面缝隙齐整、颜色一致、图案正确。

①天然大理石板材的质量应符合《天然大理石建筑板材》GB/T 19766—2016 的有关规定。

②天然花岗石板材的质量应符合《天然花岗石建筑板材》GB/T 18601—2009 的有关规定。

天然花岗石板材的应用注意事项：

花岗石的规格：工程上一般选用 600mm × 600mm 或以上的规格，常用的工程板均厚度为 15～20mm，楼梯踏板贴面工程板的厚度不宜小于 20mm。

有些天然花岗石吸水率偏大，用水泥砂浆粘贴时，会产生泛碱现象，因此施工前应进行防碱背涂处理。

天然花岗石主要用于室内外墙面、柱面、地面、楼梯踏板等装饰工程，天然花岗岩可长期用于室外。某些产地的品种可能有较高的放射性，所以花岗石用于室内时，要检测放射性，严禁放射性超标。

购买大理石应检查产品检验报告，并对产品光泽度、尺寸偏差、外观质量、吸水率、放射性等项目进行复检。

（4）试铺

按照设计要求，将选好的石材进行试铺，确定找平层砂浆厚度。调整好尺寸偏差、纹理、色彩等外观要求后，对石材进行编号，码放整齐。

（5）刷素水泥浆结合层

铺设找平层干硬性水泥砂浆前，先在地面刷一道素水泥浆或聚合物水泥浆，刷浆后用扫帚扫平扫匀。涂刷面积一次不要过大，随刷随铺砂浆。

（6）铺找平层砂浆

按照试铺确定的找平层厚度，铺设干硬性水泥砂浆。高度略高出确定厚度。铺设均匀，用水平尺找平。

（7）抹粘结层砂浆、铺贴石材

将石材放在找平层砂浆上进行试铺，板面达到平整，缝线顺直后，将石材掀起，在背面均匀抹上粘结层水泥砂浆，重新铺贴。用橡皮锤轻击板面，直至与找平层粘结紧密，平整牢固。

楼梯踏板和台阶，拉线先抹踏板立面（踢板）的水泥砂浆结合层，踢板底部可内倾，绝不允许外倾；后抹踏板平面（踏板），并留出面层板块的厚度，每个踏板的几何尺寸必须符合设计要求。按先立面后平面的规则，拉斜线铺贴板块，踏板应完全遮盖踢板的上口并应挑出5～10mm，以遮盖踢板上端的缝隙。

防滑条的位置距齿角30mm，亦可经养护后锯割槽口嵌条。或等踏板铺贴完工后，以角钢包角，并铺设木板保护，7天内不准上人。

室外台阶踏板，每级踏板的平面，其板块的纵向和横向应能排水，雨水不得积聚在踏板的平面上。

为防止踏板空鼓，施工中应注意：

铺贴踏板时，抹粘结层的高度应高于踢板上口3～4mm，这样踏板的外口底部不直接紧压踢板的上口，而留出3～4mm的缝隙。用橡皮锤震实至缝隙为2mm左右后，再将缝隙内的水泥浆用木片刮出。这样可使水泥浆在干燥收缩过程中能够自由下沉，避免因受踢板的支撑作用而使踏板空鼓。

(8) 嵌缝、清理

施工2天后，经检验无空鼓、裂痕等缺陷后，可进行嵌缝。石材的缝宽应符合设计要求。当设计无要求时，密缝施工的缝隙宽度不宜大于1mm，离缝施工的缝隙宽度宜为3mm。

嵌缝前将缝口处理干净，刷水润湿，用水泥浆或者嵌缝腻子，进行嵌缝。嵌缝的深度宜为板厚的2/3，嵌缝应采用同品种、同标号、同强度等级的水泥，随做随清理板面，并做好养护工作。如为彩色地砖，则使用同色嵌缝材料进行嵌缝。嵌缝做到密实、平整、光滑、均匀，嵌缝材料凝结前，彻底清除表面沾染的材料，严禁扫浆灌缝，以免污染板面。

(9) 养护

铺贴完成24小时以后，应洒水养护，养护期为7天，养护期间不准上人。

(10) 打蜡

养护5天左右，可进行打蜡、上光。

### 3.2.3 石材饰面质量检验标准

1. 主控项目

(1) 大理石、花岗石面层所用板块的品种、质量应符合设计要求。

检验方法：观察检查和检查材质合格记录。

(2) 面层与下一层应结合牢固，无空鼓。

检验方法：用小锤轻击检查，单块板块边角有局部空鼓，可不计。

2. 一般项目

(1) 大理石、花岗石面层的表面应洁净、平整、无磨痕，且应图案清晰、色泽一致、接缝均匀、周边顺直、镶嵌正确、板块无裂纹、掉角、缺棱等缺陷。

检验方法：观察检查。

(2) 楼梯踏板和台阶板块的缝隙宽度应一致，齿角整齐，楼层梯段相邻踏板高度差不应大于10mm，防滑条应顺直、牢固。

检验方法：观察和用钢尺检查。

(3) 面层表面的坡度应符合设计要求，不倒泛水、无积水。

检验方法：观察、泼水、蓄水或用坡度尺检查。

(4) 大理石和花岗石面层的允许偏差见表3-4。

石材板块面层允许的偏差和检验方法 表3-4

| 项目 | 允许偏差/mm | | 检验方法 |
|---|---|---|---|
| | 大理石、花岗石面层 | 碎拼大理石、花岗石面层 | |
| 表面平整度 | 1.0 | 3.0 | 用2m靠尺和楔形塞尺检查 |
| 缝格平直 | 2.0 | — | 用钢尺检查 |
| 接缝高低差 | 0.5 | — | 用钢尺和楔形塞尺检查 |
| 板块间隙宽度 | 1.0 | — | 用钢尺检查 |

### 3.2.4 石材板块面层易出现的质量问题原因及防治

石材板块面层与陶瓷地砖出现的质量问题相同，原因和防治措施也是一样的，请参见陶瓷地砖易出现的质量问题原因及防治的内容。

### 3.2.5 实训练习

#### [项目] 花岗石楼梯饰面铺贴

1. 内容：2～3踏板的混凝土楼梯花岗石饰面施工。

2. 场景准备：2000mm宽，2～3个踏板的混凝土楼梯。

3. 施工准备：

(1) 技术准备

根据所提供的混凝土楼梯绘制铺装施工图，制定出铺装方案。对学生进行安装前的技术交底和安全教育，并分好作业班组。

(2) 材料准备

600mm×600mm花岗石4～8块，水泥、砂子若干。检验所提供的材料是否符合设计要求和实训要求。

(3) 机具准备

按照班组配备施工工具和机具，并进行机具使用操作培训和安全教育。

4. 施工操作：

操作过程中，老师作为现场监理人员，流动巡视，发现问题及时指出，并和学生一起分析发生问题的原因，以及可能造成的影响，怎样可以避免这种问题的发生等。

5. 质量验收：

安装完成后，每班组领取检测工具，根据制定的铺装方案中的操作要点进行测量检测，发现问题，并及时纠正。找出原因，提出防范措施。

# 3.3 地毯饰面

## 3.3.1 材料认知

地毯是一种古老的、世界性的高级地面装饰材料，我国有着悠久的发展历史，延绵千年而经久不衰，在现代室内地面装饰中仍广泛应用。地毯以其独特的装饰功能和质感，使其具有较高的实用价值和欣赏价值，成为室内装饰中的重要组成部分。

地毯不仅具有隔热、保温、隔声、吸声、降噪、吸尘、柔软、弹性好、降低空调费用和较好缓冲作用等优点，而且铺设后又可具有很高的欣赏价值，创造出其他装饰材料难以达到的高贵、华丽、美观、悦目的室内环境气氛，给人以温暖、舒适之感，是比较理想的现代室内装饰材料。

地毯是一种高档的地面装饰品，我国是世界上生产地毯最早的国家之一。中国地毯做工精细，图案配色优雅大方，其有独特的风格。有的明快活泼，有的古色古香，有的素雅清秀，令人赏心悦目，富有鲜明的东方风情。"京""美""彩""素"四大图案，是我国高级羊毛地毯的主流和中坚，是中华民族文化艺术的结晶，是我国劳动人民高超技艺的具体体现。世界上其他著名的地毯有：波斯地毯、印度地毯、土耳其地毯等。

1. 地毯的毯面结构

除橡胶地毯和塑料地毯之外，地毯的毯面构造基本由以下四层组成：

(1) 表面层

地毯的装饰面，主要是地毯的绒毛，地毯的主要性能都是由表面绒头的形式、植绒工艺、用料及毯面绒毛密度决定的。地毯通常以面层材料的品种来命名。

(2) 初级背衬

初级背衬是任何一种地毯均具有的基本组成部分，其作用为固定地毯的绒头和便于加工，有的用黄麻织成的平织网布，也有用聚丙烯机织布或无纺布做初级背衬材料的。初级背衬要求具有一定的耐磨性和编织密度。

(3) 防松涂层

防松涂层是涂在初级背衬背面的胶层，其目的是使织物针脚附着牢固，面层的纤维不易脱落，增加面层绒头的结合强度，同时有一定的防潮性能。

(4) 次级背衬

次级背衬是用胶粘剂将麻布复合在经涂层处理过的初级背衬上，其目的是增强地毯背面的耐磨性和脚感的舒适度。

2. 地毯的分类

地毯所用的材料从最初的原状动物毛，逐步发展到精细的毛纺、麻、丝及人工合成纤维等，编织的方法也从手工发展到机械编织。因此，地毯已成为品种繁多、花色图案多样，低、中、高档皆有系列产品的地面铺装材料。

根据材质不同进行分类，地毯可以分为纯毛地毯、混纺地毯、化纤地毯、塑料地毯和植物纤维地毯、橡胶地毯等几大类。

（1）纯毛地毯：纯毛地毯即羊毛地毯，多是以粗绵羊毛为主要原料，采用手工编织或机械编织而成，是我国传统手工艺品之一。由于生产历史悠久，具有图案精美、质地厚实、不易变形、不易燃烧、不易污染、弹性较大、拉力较强、隔热性好、经久耐用、光泽较好、图案清晰等优点，被广泛地应用于酒店、会堂、舞台等高级公共建筑的楼地面装饰，是一种高档铺地装饰材料。

纯毛地毯的耐磨性，一般是由羊毛的质地和用量来决定。用量以每平方厘米的羊毛量，即绒毛密度来衡量。对于手工编织的地毯，一般以“道”的数量来决定其密度，即指垒织方向（自上而下）上 1ft（1ft=0.3048m）内垒织的经纬线的层数（每一层即称为一道）。地毯的档次也与其道数成正比关系，一般家用地毯为 90～150 道，高级装修用的地毯均在 250 道以上，目前最高档的纯毛地毯达 400 道。

纯毛地毯分手工编织地毯和机织地毯两种。前者是我国传统手工艺品之一，后者是近代发展起来的较高级的纯毛地毯。机织纯毛地毯是以羊毛为主要原料，采用机械编织工艺而制成的。这种地毯具有表面平整、光泽明亮、富有弹性、脚感柔软、耐磨耐用等优点。与化纤地毯相比，其回弹性、抗静电、抗老化、耐燃性均优于化纤地毯，与手工纯毛地毯相比，其性能基本相同，但价格低于手工地毯。因此，机织纯毛地毯是介于化纤地毯与手工纯毛地毯之间中档的地面装饰材料。

（2）混纺地毯：混纺地毯是以羊毛纤维与合成纤维混纺后编织而成的地毯，其性能介于纯毛地毯与化纤地毯之间。由于合成纤维的品种多，且性能也各不相同，当混纺地毯中所用的合成纤维品种或掺量不同时，制成的混纺地毯的性能也各不相同。

合成纤维的掺入，可显著改善纯毛地毯的耐磨性。如在羊毛中加入 15% 的锦纶，织成的地毯比纯毛地毯更耐磨损；在羊毛中掺入 20% 的尼龙纤维，地毯的耐磨性可提高 5 倍，其装饰性能不亚于纯毛地毯，而价格比纯毛地毯低。

（3）化纤地毯：化纤地毯也称为合成纤维地毯，是用簇绒法或机织法将合成纤维制成面层，再与麻布背衬材料复合处理而成。化纤地毯一般是由面层、防松涂层和背衬三部分构成。按面层织物的织造方法不同，可分为簇绒地毯、机织地毯、黏合地毯和静电植绒地毯等，其中以簇绒地毯产销量最大，其次是机织地毯。我国对这两种地毯制定了产品标准，它们分别是：《簇绒地毯》GB/T 11746—2008 和《机织地毯》GB/T 14252—2008。

化纤地毯常用的合成纤维有：丙纶、腈纶、涤纶及锦纶等。化纤地毯的外观和触感似纯毛地毯，耐磨且富有弹性，可代替纯毛地毯，是目前用量最大的中、低档地毯品种。

化纤地毯的共同特性是：不发霉、不易虫蛀、耐腐蚀、质量轻、吸湿性小、易于清洗等。但各种化纤地毯的特性并不完全相同，应注意它们之间的区别。如在着色性能方面，涤纶纤维的着色性很差；在耐磨性能方面，锦纶最好，腈纶纤维最差；在耐曝晒性能方面，腈纶纤维最好，而丙纶和锦纶较差；在弹性方面，丙纶和锦纶弹性恢复能力较好，而锦纶和涤纶比较差；在抗静电性能方面，锦纶在干燥环境下容易造成静电积累。

（4）塑料地毯：塑料地毯是采用聚氯乙烯树脂为基料，加入填料、增塑剂等多种辅助材料和添加剂，经均匀混炼、塑化，并在地毯模具中成型而制成的一种新型轻质地毯。这种地毯具有质地柔软、质量较轻、色彩鲜艳、脚感舒适、自熄不燃、经久耐用、污染可洗、耐水性强等优点。可用于各类公共建筑的室内外装饰。

（5）植物纤维地毯：植物纤维地毯是采用天然植物纤维加工而成。最常见的是剑麻地毯。剑麻地毯是采用剑麻（西沙尔麻）为原料，经纺纱、编织、涂胶、硫化等工序而制成，产品分为素色和染色两类，有斜纹、螺纹、鱼骨纹、帆布平纹、多米诺纹等多种花色品种，幅宽在4m以下，每卷长在50m以下，可按需要进行裁切。

剑麻地毯具有耐酸、耐碱、耐磨、尺寸稳定、无静电现象等优点，比羊毛地毯经济实用，但其弹性较其他类型的地毯差，手感也比较粗糙。主要适用于楼、堂、馆、所等公共建筑地面及家庭地面的铺设。

（6）橡胶地毯：橡胶地毯是以天然橡胶为原料，经过均匀的混炼、塑制、模压而成的一种高分子材料地毯，所形成的橡胶绒长度一般为5～6mm。这种地毯除具有其他材质地毯的一般特性，如色彩丰富、图案美观、脚感舒适、耐磨性好等外，还具有隔潮、防排、防滑、耐蚀、防蛀、绝缘及清扫方便等优点。

橡胶地毯的供货方式一般是方块地毯，常见的产品规格有500mm×500mm，1000mm×1000mm等。这种地毯主要适用于各种经常淋水或需要经常擦洗的场合，如浴室、厨房、走廊、卫生间、门厅等。

按编织工艺不同进行分类，地毯可分为手工编织地毯、机织地毯、簇绒地毯和无纺地毯等几大类。

（1）手工编织地毯：手工编织地毯，一般指纯毛地毯，它是采用双经双纬，通过人工打结栽绒，将绒毛层与基底一起织做而成。这种地毯做工精细，图案千变万化，是地毯中的高档品。我国的手工地毯有悠久的历史，早在两千多年前就开始生产，自早年出口国外至今，"中国地毯"一直以艺精工细闻名于世，成为国际市场上的畅销产品。但是手工编织地毯工效低、产量少、成本高，因此价格较为昂贵。

（2）机织地毯：机织地毯也是传统的品种，即把经纱和纬纱相互交织编成地毯，也称纺织地毯。机织地毯具有非常美丽而复杂的花纹图案，采用不同的工艺还能生产出不同表面质感的地毯。但它的生产速度比簇绒法慢得多，加上印染地毯的发展，它的产量正在逐年下降。

机织纯毛地毯具有毯面平整、光泽好、富有弹性、抗磨耐用、脚感柔软等特点，与化纤地毯相比，其回弹性、抗静电、抗老化、耐燃性都优于化纤地毯。与纯毛手工地毯相比，其性能相似，但价格低于手工地毯。因此，机织纯毛地毯是介于化纤地毯和纯毛手工地毯之间的中档地面装饰材料。

(3) 簇绒地毯：簇绒地毯又称为栽绒地毯，是目前各国生产化的主要工艺，也是目前生产量最大的一种地毯。它是通过带有一排往复式穿针的纺织机，把毛纺纱穿入第一层基层（初级背衬布），并在其面上将毛纺纱穿插成毛圈而背面拉紧，然后在初级背衬的背面刷一层胶粘剂使之固定，这样就生产出厚实的圈绒地毯，若再用锋利的刀片横向切割毛圈顶部，并经过修剪整理，则成为平绒地毯，又称割绒地毯或切绒地毯。

由于簇绒地毯生产时对绒毛高度进行调整，圈绒绒毛的高度一般为7～10mm，平绒绒毛的高度一般也为7～10mm，所以这种地毯纤维密度大，弹性比较好，脚感舒适，加上图案丰富，色彩美丽，价格适中，是一种很受欢迎的中档地面铺装材料。

(4) 无纺地毯：无纺地毯是指无经纬编织的短毛地毯，是用于生产化纤地毯的方法之一。它是将绒毛先用特殊的钩针扎刺在用合成纤维构成的网布底衬上，然后在其背面涂上胶层使之粘牢，因此，无纺地毯又有针刺地毯、针扎地毯或粘合地毯之称。

无纺地毯由于生产工艺简单、生产效率较高，所以成本低、价格廉，是近些年出现的一种普及型、低价格地毯，其价格约为簇绒地毯的1/2～4/3。但弹性、装饰性和耐久性较差。为提高其强度和弹性，可在毯底上加缝或加贴一层麻布底衬，或再加贴一层海绵底衬。近年来，我国还研制生产了一种纯毛无纺地毯，它是不用纺织或编织方法而制成的纯毛地毯。

除了这些传统和经常用到的地毯种类外，随着科技的发展，一些功能独特的地毯纷纷问世，走向市场。以下简单介绍几种：

(1) 发电地毯：德国发明了一种能发电的地毯，它是利用摩擦生电的原理研制而成的。当人踏在地毯上走动时即能发电，若用导线连接，可供家电使用，也可对蓄电池进行充电。这种地毯装有绝缘层，安全可靠。

(2) 防火地毯：英国生产了一种防火地毯，它是用特殊的亚麻布制成，用火烧半小时仍然完好无损，防火性能极佳，而且还具有防水、防蛀的功能。

(3) 保温地毯：日本推出一种电子保温地毯，具有自动调节室温的功能，其地毯上装有接收装置，每隔5分钟向安装在墙上的温度遥控仪发出室温资料。当室温较低时，接收装置会自动接通电源，使地毯温度上升；当温度达到要求时，则会断掉电源停止供暖。

(4) 光纤地毯：美国一家公司研制生产出一种光纤地毯，内含丙烯酸系光学纤维。这种光纤地毯能发出各种闪光的美丽图案，既可用来装饰房间，也可作为舞厅及演出照明等。一旦公共建筑内发生停电时，光纤地毯还会显示出各个指示箭头，给人指路。

(5) 变色地毯：国外市场上有一种变色地毯，这种地毯可以根据人们不同喜爱而变换颜色。编织这种地毯的毛纱需要先用特殊化学方法加入各种底色，当人们喜爱某种颜色时，只需在洗地毯时加入特殊的化学变色剂，便可得到自己喜爱的色调。每洗一次，都可变换一种颜色，使人感到像是又换了一块新地毯。

(6) 吸尘地毯：捷克一家公司生产了一种吸尘地毯，这种地毯由一种静电效应很强的聚合材料制成，它不仅能自动清除鞋底带来的灰尘，而且还能吸收空气中的尘埃。当地毯吸附的尘埃过多时，可通过敲打或用湿布拭去，即可重新吸尘。

### 3.3.2 地毯饰面施工

在了解了地毯的种类及材料特点后，下面来看一下地毯饰面的施工过程。

1. 作业条件

(1) 施工准备

①地毯的品种、规格、颜色、图案、性能及等级符合设计要求。

②倒刺板、收口条、胶粘剂等辅料备齐进场，并验收合格。

③对所有施工人员已经进行技术交底，特殊工种必须持证上岗。

④作业环境必须符合满足施工质量可达到的标准的要求。

⑤结构楼梯施工完成，验收合格、基层洁净，缺陷处理完毕，地面干燥，无潮湿现象，达到饰面施工的要求。

⑥地毯及辅料有害物质释放量符合国家相关标准的规定。

(2) 材料准备

地毯装饰施工所需要的材料，主要有地毯、倒刺板、铝合金（铜）压条、胶粘剂、接缝带、垫料等。

①地毯

地毯材料应按照设计要求的品种、规格和颜色、图案、等级进场，进场时应严把质量关，对于有破损、褶皱、色差、毯边不平齐等缺陷的材料，不予进场。

②倒刺板

地毯倒刺板有两种，一种是使用木夹板自制的，一种是铝合金的成品。尺寸一般为 6mm × 24mm × 1200mm，板条上有两排斜向倒钩，为钩挂地毯之用。

③铝合金（铜）压条

用于楼梯的踏面和踢面相交的阳角收口，同时起到防滑、护角的作用。

④粘结剂

地毯胶粘剂一般为与地毯配套的专用乳胶或胶带。常用的有聚醋酸乙烯乳胶和水乳型氯丁胶。

⑤接缝带

应用于地毯拼接对缝处。成品为热熔式，宽度为 150mm。备有一层热熔胶，使用时，将要粘接的地毯背面贴上接缝带，用电熨斗在胶带的无胶面上熨烫，使胶融化即可。

⑥垫料

对于不带背胶的地毯，当采用倒刺板固定时，应事先铺设垫层材料。常用的垫料有两种，一种是橡胶波状地毯垫料或人造泡沫橡胶（海绵）地毯垫料；另一种是毛麻粘垫。垫料的厚度一般不大于 10mm，要求密实均匀。

(3) 工具准备

主要施工工具有：裁边机、吸尘器、电熨斗、张紧器、美工刀、扁铲、直尺、钢卷尺等。

2. 操作工艺流程

基层清理——裁剪地毯——固定地毯——修整、清洁。

3. 操作要点

(1) 基层处理

水泥砂浆或其他地面面层其质量主控项目和一般项目，均应符合验收标准。地面铺设地毯前应干燥，新浇筑混凝土必须养护 28 天左右，现抹水泥砂浆基层应养护 14 天后方可铺设地毯。基层含水率不得大于 8%。

局部有酥松、麻面、起砂、起灰、凹坑、油渍、潮湿和裂缝的地面（裂缝宽度大于 1mm），必须返工后方可铺设地毯。

(2) 裁剪地毯

测量楼梯所用地毯的长度，在测得长度的基础上，再加上 450mm 的余量，以便挪动地毯，转移调换常受磨损的位置。如所选用的地毯是背后不加衬的无底垫地毯，则应在地毯下面使用楼梯垫料增加耐用性，并可吸收噪声。衬垫的深度必须能触及阶梯竖板，并可延伸至每阶踏板板外 5cm，以便包覆。

(3) 固定地毯

固定地毯可有以下几种做法：

带背垫的地毯（背面带胶垫或海绵衬垫）：可采用涂刷胶粘剂的方法直接粘贴固定。

带背垫的地毯的浮铺法固定：在阴角处采用金属压杆压紧地毯，压杆两端采用踏辊器固定。

不带背垫的地毯可将衬垫材料用倒刺板木条分别钉在楼梯阴角两边，倒刺板上的倒刺钉的方向都朝向阴角处，两倒刺板木条之间应留 15mm 的间隙，将地毯挤紧挂在倒刺板上，这样就能将地毯紧紧抓住（图 3–11）。

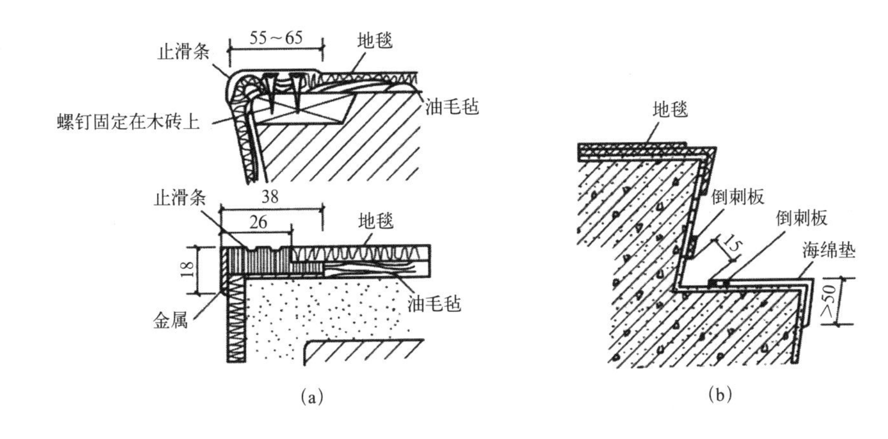


图 3–11 楼梯踏板铺设地毯
(a) 阳角处的固定；
(b) 阴角处固定

不带背垫的地毯也可以用预先切好的地毯角铁（"L" 形倒刺板）钉在每级踢板与踏板所形成转角的衬垫上。由于整条角铁都有突起的抓钉，故能不露痕迹地将整条地毯抓住（图 3–12）。

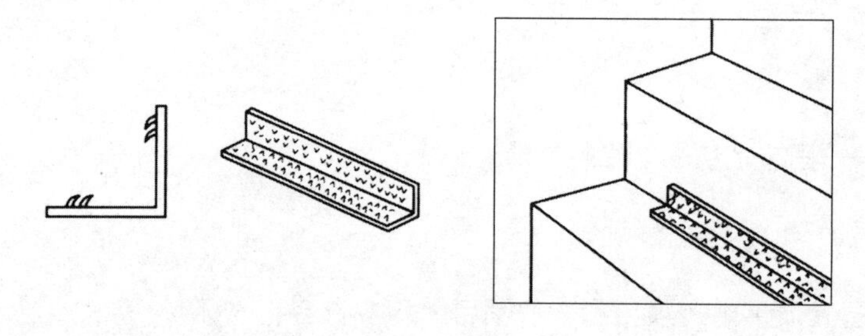

图 3–12 楼梯阴角使用倒刺板固定

不带背垫的地毯还常采用双保险法固定，即阴阳角同时固定的方法：在阴角处用倒刺板木条或地毯角铁（"L" 形倒刺板）固定，同时在阳角处固定金属防滑条。

地毯固定时有以下几个步骤需要重点关注一下：

①地毯首先要从楼梯的最高一级铺起，将始端翻起在顶级的踢板上钉住，然后用扁铲将地毯压在第一套角铁的抓钉上。把地毯拉紧包住梯阶，沿踢板而下，在楼梯阴角处用扁铲将地毯压进阴角，并使地板木条上的抓钉紧紧抓住地毯，然后铺第二套固定角铁。这样连续下来直到最后一级，将多余的地毯朝内折转，钉于底级的踢板上。

②铺设前将地毯的绒毛理顺，找出绒毛最为光滑的方向，铺设时以绒毛的走向朝下为准。在梯级阴角处用扁铲敲打，地板木条上都有突起的抓钉，能将地毯紧紧抓住。在每阶踢、踏板转角处用不锈钢螺钉拧紧铝角防滑条。

③楼梯地毯的最高一级是在楼梯面或楼层地面上，应固定牢固并用金属收口条严密收口封边。如楼层面也铺设地毯，固定式铺贴的楼梯地毯应与楼层地毯拼缝对接。若楼层面无地毯铺设，楼梯地毯的上部始端应固定在踢面竖板的金属收口条内，收口条要牢固安装在楼梯踢面结构上。

④楼梯地毯的最下端，应将多余的地毯朝内翻转钉固于底级的竖板上。

（4）修整、清洁

地毯铺设完毕，修整后，用吸尘器清扫干净。用干净塑料膜进行成品保护。

4. 施工注意事项

（1）将楼梯清扫干净，按设计规定，量准每级踏板板和踢脚板尺寸。

（2）先将倒刺板钉在踏板板和踢脚板的阴角两边，两条倒刺板顶角之间应留出地毯塞入的间隙，一般约 15mm，朝天小钉倾向阴角面。

（3）海绵衬垫应超出踏板板转角不小于 50mm，把角包住。

（4）地毯下料长度，应按每级踏板的宽度和高度之和。如考虑更换磨损部位，可适当预留一定长度。富余长度应留在楼梯地毯的最下端，应将多余的地毯朝内翻转钉固于底级的竖板上。

（5）地毯铺设由上至下，逐级进行，顶级地毯须用压条钉固定在平台上。

每级阴角处，用扁铲将地毯绷紧后压入两根倒刺板之间的缝隙内。每级阴角处应用卡条固定牢靠。加长部分，可迭钉在最下一级踏板的踢板上。

(6) 防滑条应铺钉在踏板板阳角边缘，然后用不锈钢螺钉固定，钉距15～30cm。

### 3.3.3 地毯饰面质量检验标准

1. 主控项目

(1) 地毯的品种、规格、颜色、花色、胶料和辅料及其材质必须符合设计要求和国家现行地毯产品标准的规定。

检验方法：观察检查和检查材质合格记录。

(2) 地毯表面应平整、拼缝处粘贴牢固、严密平整、图案吻合。

检验方法：观察检查。

2. 一般项目

(1) 地毯表面不应起鼓、起皱、翘边、卷边、显拼缝、露线和毛边，绒面毛顺光一致，毯面干净、无污染和损伤。

检验方法：观察检查。

(2) 地毯同其他面层连接处、收口处和墙边、柱子周围应顺直、压紧。

检验方法：观察检查。

### 3.3.4 地毯面层易出现的质量问题原因及防治

1. 地毯卷边、翻边

产生原因：地毯固定不牢或粘结不牢。

防治措施：阴阳角应钉好倒刺板，用以固定地毯；粘贴接缝时，刷胶要均匀，铺贴后要拉平压实。

2. 地毯表面不平整

产生原因：基层不平；地毯铺设时用力不一致，没能绷紧，或烫地毯时未绷紧；地毯受潮变形。

防治措施：地毯表面平整度不应大于4mm；铺设地毯时必须用大小撑子或专用张紧器张拉平整后方可固定；铺设地毯前后应做好地毯防雨、防潮。

3. 显露拼缝、收口不顺直

产生原因：接缝绒毛未处理；收口处未弹线，收口条不顺直；地毯裁割时，尺寸有偏差。

防治措施：地毯接缝处用弯针做绒毛密实的缝合，收口处先弹线，收口条跟线钉直；裁割地毯尺寸要合适。

4. 地毯发霉

产生原因：基层未进行防潮处理；水泥基层含水率过大。

防治措施：铺设地毯前基层必须进行防潮处理，可用乳化沥青涂刷一道或涂刷掺防水剂的水泥浆一道；地毯基层必须保证含水率小于8%。

### 3.3.5 实训练习

**［项目］ 地毯饰面施工**

1. 内容：2～3 踏板的混凝土楼梯地毯饰面施工。

2. 场景准备：2000mm 宽，2～3 个踏板的混凝土楼梯。

3. 施工准备：

(1) 技术准备

根据所提供的混凝土楼梯绘制铺装施工图，制定出铺装方案。对学生进行安装前的技术交底和安全教育，并分好作业班组。

(2) 材料准备

地毯一卷，倒刺板、收口条、胶粘剂、垫料等辅料。检验所提供的材料是否符合设计要求和实训要求。

(3) 机具准备

按照班组配备施工工具和机具，并进行机具使用操作培训和安全教育。

4. 施工操作：

操作过程中，老师作为现场监理人员，流动巡视，发现问题及时指出，并和学生一起分析发生问题的原因，以及可能造成的影响，怎样可以避免这种问题的发生等。

5. 质量验收：

安装完成后，每班组领取检测工具，根据制定的铺装方案中的操作要点进行测量检测，发现问题，并及时纠正。找出原因，提出防范措施。

## 3.4 楼梯赏析

**学习目标：**

通过本章节的学习，了解各种楼梯的装饰效果，为不同空间楼梯的选择提供感性的认识。

### 3.4.1 钢木楼梯

钢木楼梯是现代室内楼梯的首选，其装配式的施工方式，是现代装饰装修的一个发展趋势。而且这两种材料结合在一起，既有金属的硬朗，又不失木材的温暖，因此是家庭、办公等小型空间的楼梯首选。

图 3–13 中钢材作为骨架，结实、牢固，木材作为踏板板有弹性，有温暖感。因此钢木楼梯是室内楼梯的首选。

图 3–14 的钢木楼梯，是单梁式的，而且梁比较秀气，因此在梁的中间，加了一根钢柱作为支撑，使结构更加牢固。

图 3–15 是螺旋楼梯，钢骨架在上升的过程中旋转，踏板也顺势旋转上去。钢木楼梯是比较容易制作旋转楼梯的。

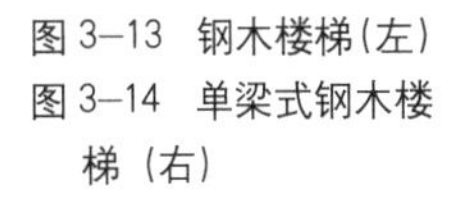

图 3–13　钢木楼梯（左）
图 3–14　单梁式钢木楼梯（右）

图 3–15　螺旋钢木楼梯（左）
图 3–16　中轴旋转钢木楼梯（右）

图 3–16 是中轴旋转的钢木楼梯，所有的踏板以中间的钢柱为中心旋转上去，主要的受力支撑点也在中轴上。

### 3.4.2　钢玻璃楼梯

钢玻璃楼梯也是装配式的施工方式，这两种材料结合在一起，相比钢木楼梯就缺少了一些温情，因此一般用于办公等小型公共空间。

图 3–17 的钢和玻璃组成的旋转楼梯，占用空间小，而且材质透明，避免了楼梯在空间中造成的拥堵的感觉。

图 3–18 是单梁式的钢骨架，但钢骨架向两侧伸出 4 个驳接爪，既固定了玻璃，同时又起到了很好的支撑作用。但整个楼梯都是不锈钢冷峻的身影，给人感觉略显凌乱。

图 3–19 是磨砂玻璃作为踏板板，由于不是透明的，所以感觉安全了很多，而且多了一点温暖的感觉。

图 3–20 的楼梯踏板下加了灯光，这是只有玻璃可以做到的，但为了遮住灯具，所以玻璃是透光不透明的夹绢玻璃。在夜晚，灯光亮起时楼梯就成了通向高处的天梯，充满了神秘感。

图 3–17　钢玻璃楼梯（左）

图 3–18　单梁式钢玻璃楼梯（右）

图 3–19　钢玻璃楼梯（磨砂玻璃）（左）

图 3–20　钢玻璃楼梯（加灯光）（右）

### 3.4.3　玻璃楼梯

图 3–21 是以玻璃栏板为骨架，钢材只是连接件，整个楼梯就像一个大玻璃缸，给人轻盈、灵透的感觉。

### 3.4.4　创意楼梯

建筑艺术的美感体现在整体造型和外观细节，但是谁想过楼梯可以作为设计亮点呢？其实一个有趣、有型的楼梯也会让你感受到建筑之美。它优美地立在那处，莫不如一幅美妙的立体巨画。

图 3–22 整个楼梯像一根大管道，唯一和楼梯相似的就是它的功能，可以把人或物从高层运送下来。估计它作为装饰品的作用要比作为楼梯的作用大。

图 3–21　玻璃楼梯（左）

图 3–22　创意楼梯（一）（右）

图 3–23 的楼梯踏板像梯田一样，充满自然的韵律，

金黄的颜色，像极了丰收时的田野。

图 3–24 的楼梯玻璃踏板，感觉像飘浮在空气中，让你走在上面，像一步一步走向空中一样。

图 3–25 的楼梯踏板像被风吹起的书，感觉踏板在风中摇曳。

图 3–26 的楼梯踏板是一个个的大抽屉，可以储存很多东西，是功能最大化的体现。

图 3–27 的楼梯踏板下是书架，你可以拾级而上，登上知识的至高点。

图 3–28 的楼梯，一半是正常的踏板，一半是滑梯。当你要上楼的时候，只有一步一步的爬上去，而当你要下楼时，你可以选择滑下来。估计你从上面滑下来以后，所有的疲劳和不愉快都已经溜走了。

图 3–23　创意楼梯（二）（左）

图 3–24　创意楼梯（三）（右）

图 3–25　创意楼梯（四）（左）

图 3–26　创意楼梯（五）（右）

图 3–27　创意楼梯（六）（左）

图 3–28　创意楼梯（七）（右）

# 4

4 扶栏

扶栏是扶手和栏杆的合称。楼梯扶栏是楼梯的围护设施，是楼梯重要组成部分。扶手就是大家在上下楼时，手扶的那一部分。栏杆指的是楼梯两侧立在地上或底座上的那一根柱子，如果是整块的围护则称为栏板。它是一种支撑和连接的配件，在楼梯和扶手间起到承上启下的作用。

《民用建筑设计统一标准》GB 50352—2019、《住宅设计规范》GB 50096—2011 等建筑设计、建筑装饰装修设计的相关规范中对扶栏所处位置及相应高度有明确规定，这些条款一般为强制性条文。

规范中对扶栏的位置、高度（二维码 4–1）及承载力的规定汇总为如下几条：

二维码 4–1 扶栏尺寸

1. 栏杆应以坚固、耐久的材料制作，并能承受荷载规范规定的水平荷载。

2. 栏杆离地面或屋面 0.1m 高度内不应留空。

3. 楼梯除设成人扶手外，应在靠墙一侧设幼儿扶手，其高度不应大于 0.6m。

4. 室内楼梯栏杆（或栏板）的高度不应小于 900mm。室外楼梯及水平栏杆（或栏板）的高度不应小于 1100mm。有儿童活动的场所，栏杆应采用不易攀登的构造。

5. 低层、多层住宅的阳台栏杆净高不应低于 1.05m，中高层、高层住宅的阳台栏杆净高不应低于 1.1m，但不宜超过 1.2m。楼梯水平段栏杆长度大于 0.5m 时，其扶手高度不应小于 1.05m。楼梯栏杆垂直杆件间净空不应大于 0.11m，当楼梯扶手间净宽度大于 0.2m 时，必须采取安全措施。

楼梯扶栏常用到的材料有木材（图 4–1）、铸铁（图 4–2）、不锈钢（图 4–3）、型钢（图 4–4）等，有时是几种材料混合使用（图 4–5）。下面将栏杆按照材料，分为三节来进行介绍。

图 4–1 木扶栏（左）
图 4–2 铸铁扶栏（中）
图 4–3 不锈钢扶栏（右）

图 4–4 型钢扶栏（左）
图 4–5 混合材料扶栏（右）

# 4.1 木扶栏

**学习目标：**

通过本章节的学习掌握各种木制扶栏的材料、制作及构造方式与安装施工工艺。

## 4.1.1 材料认知

木扶栏因其良好的装修效果及木材易于加工的特性，在很多的楼梯形式中被广泛应用。第 2 章第 1 节的木楼梯安装施工中，对各类木材的特点及木材质量要求作了详细的介绍。

木栏杆是使用各类原木或集成木材，按照设计样式进行刨、削、雕刻、磨圆等工艺的加工制造出来。随着木工仿形车床的使用，只要将样件放入车床，就可以按照要求加工出一模一样的栏杆造型，数量不限，目前已形成流水线作业（图 4–6）。

楼梯栏杆的直径一般在 40～80mm 之间，这个尺寸与楼梯的体量有关。

木扶手也是机床加工，断面形式以圆弧形、长方形等适合手握的造型为主，底部有凹槽，可将栏杆与扶手的连接构件进行收口（图 4–7）。

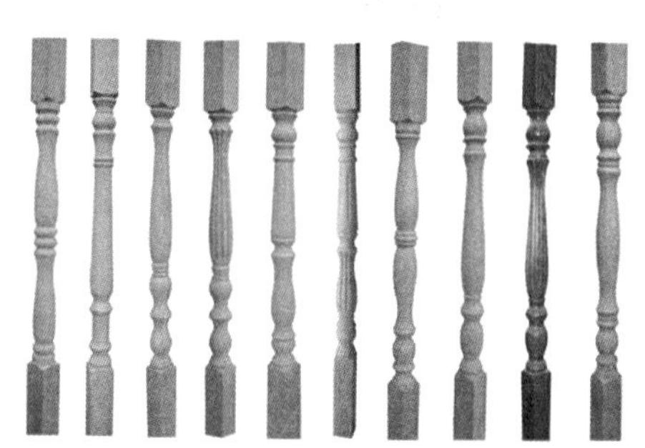

图 4–6　车床加工的木栏杆（左）

图 4–7　常见木扶手断面（右）

## 4.1.2 木扶栏的构造

木扶栏主要由木扶手和木栏杆组成。木构件之间可通过榫卯结构、胶粘剂、钉接等连接方式来进行连接（图 4–8）。

1. 栏杆和踏板之间的连接

木栏杆的连接方式主要是通过榫卯结构或木连接件、金属连接件等。

榫卯连接适用于全实木楼梯。一般在栏杆上做榫头，木踏板上开榫孔，通过榫卯结构连接在一起（图 4–9），以胶粘剂为辅助连接材料。

还有一类是通过木连接件进行连接。在木踏板上和栏杆的底部分别钻孔，置入木连接件，通过木连接件连接在一起。这种连接方式牢固度相对较差，适用于室内楼梯中间起支撑作用、受力相对较小的护栏（图 4–10）。

金属连接件连接有两种，一种是通过金属螺栓紧固连接（图 4–11），一种是在木栏杆中心凿空，置入钢筋，与地面的预埋件进行焊接。后者的连接强度较高，适用于临空的水平木栏杆安装。

图 4–8　木扶手与木栏杆连接（左）
图 4–9　榫卯连接(右)

图 4–10　木连接件连接（左）
图 4–11　通过金属螺栓紧固连接（右）

2. 扶手与墙面的连接

靠墙扶手通常先预埋铁脚的扁钢，然后将扶手与扁钢通过木螺栓进行固定。详见图 4–12。

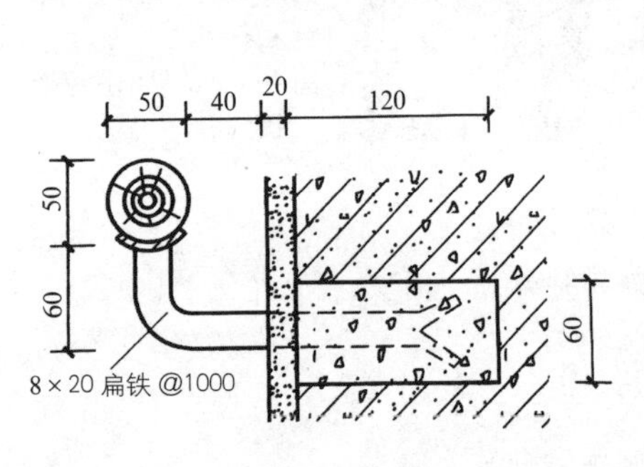


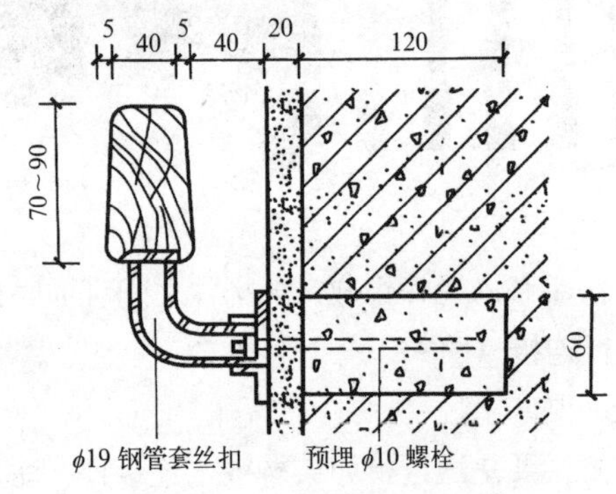


图 4–12　扶手与墙面的连接

## 4.1.3　木扶栏的施工工艺

木扶栏的施工主要是木扶栏的安装。木扶栏的制作加工一般为工厂车床流水线生产。在施工之前应熟悉施工图纸，做好相应的施工准备工作。

1. 作业条件

(1) 样板已验收合格；

(2) 楼梯间墙面、踏板饰面等已安装完毕；

(3) 金属预埋件和靠墙扶手固定支撑件已安装完毕。

2. 施工机具与工具

木扶栏在安装中会用到的施工机具有电圆锯、手电钻、冲击电钻。此外，工具还有手工锯、斧子、羊角锤、刨子、螺丝刀、方尺、割角尺、卡子、线坠、水平尺、钢卷尺等。

3. 施工技术要点

施工工艺流程：放线——安装连接件或预埋件——固定立柱——安装扶手——修整——验收。

（1）放线：由于踏面装饰施工会产生尺寸上的偏差，因此需要在安装前在安装好的楼梯踏板上进行放线定位。确定好位置后，可以钻孔或安装预埋件。

（2）安装连接件或预埋件：楼梯栏杆根据连接方式的不同，可以安装木连接件或金属连接件或预埋件。安装连接件，只需要在踏板和栏杆上钻孔后，就可以安装了。安装预埋件，其做法是采用膨胀螺栓（120mm × 12mm）与钢板（5mm 厚）来制作后置连接件。先在土建基层上放线，确定立柱固定点的位置；然后在楼梯地面上用冲击钻钻孔，再安装膨胀螺栓，螺栓保持足够的长度；在螺栓定位以后，将螺栓拧紧同时将螺母与螺杆间焊死，防止螺母与钢板松动；最后将余出的螺栓长度锯掉，以免留在外面影响装饰，且易钩挂物体，造成危险。扶手与墙体的连接也同样采取上述方法。

（3）安装立柱：将立柱与连接件连接，先用线坠吊垂直，确定立柱垂直后，再将连接件紧固。如采用预埋件固定立柱，则需要焊接。将立柱内置入钢筋，安装就位，确定其垂直后焊接立柱。焊接时需双人配合，一个扶住立柱使其保持垂直，在焊接时不能晃动，另一人施焊，要四周施焊，并应符合焊接规范。

（4）扶手与立柱连接：立柱在安装前，通过拉长线放线，根据楼梯的倾斜角度及所用扶手的圆度，在其上端加工出凹槽。然后把扶手直接放入立柱凹槽中，从一端向另一端顺次用木螺栓连接。

（5）修整：扶手和栏杆安装好后，用嵌缝腻子对所有接缝进行修补，做到严丝合缝。同时因现在安装的木栏杆及扶手都是免漆免刨的，因此在安装的过程中，如出现磕碰，则需要用腻子修补后，局部上漆，修补到磕碰前的效果。

（6）验收：完工后，表面清理，进行验收，然后做好成品保护。

### 4.1.4 木扶栏质量检验标准

1. 主控项目

（1）护栏和扶手制作与安装所使用材料的材质、规格、数量和木材、塑料的燃烧性能等级应符合设计要求及国家标准的有关规定。

检验方法：观察；检查产品合格证书、进场验收记录和性能检测报告。

（2）护栏和扶手的造型、尺寸及安装位置应符合设计要求。

检验方法：观察；尺量检查；检查进场验收记录。

(3) 护栏和扶手安装预埋件的数量、规格、位置以及护栏与预埋件的连接节点应符合设计要求。

检验方法：检查隐蔽工程验收记录和施工记录。

(4) 护栏高度、栏杆间距、安装位置必须符合设计要求。护栏安装必须牢固。

检验方法：观察；尺量检查；手扳检查。

2. 一般项目

(1) 护栏和扶手转角弧度应符合设计要求，接缝应严密，表面应光滑，色泽应一致，不得有裂缝、翘曲及损坏。

检验方法：观察；手摸检查。

(2) 护栏和扶手安装的允许偏差和检验方法应符合表 4–1 的规定。

**护栏和扶手安装的允许偏差和检验方法表** **表4–1**

| 项次 | 项目 | 允许偏差/mm | 检验方法 |
|---|---|---|---|
| 1 | 护栏垂直度 | 3 | 用1m的垂直检测尺检查 |
| 2 | 栏杆间距 | 3 | 用钢尺检查 |
| 3 | 扶手垂直度 | 4 | 拉通线，用钢直尺检查 |
| 4 | 扶手高度 | 3 | 用钢尺检查 |

### 4.1.5 木扶栏的质量问题与防治

1. 栏杆晃动：主要是连接件不牢固所致。栏杆需确保安装牢固。使用木连接件的栏杆，不能位于端头或者水平护栏，否则极易发生危险。木连接件只使用在起支撑作用的楼梯立柱上。

2. 花纹、颜色不均匀：主要是选料不当所致。所用木材要保证是相同树种，且是同一批材料，在安装前需对所有木制杆件和扶手进行检验。如出现花纹、色差较大的情况，应不予进场安装。

3. 扶手接茬不平：主要是钻眼角度不当，或扶手规格偏差较大。扶手接插或弯头处，需连接紧密。非免漆免刨的材料可以连接后用刨子进行修整。施工时钻眼方向应垂直，且深度一致。

### 4.1.6 案例

1. 楼梯踏面安装好后，测量放线，确定好安装位置。先固定金属连接件（图 4–13），然后固定大立柱（图 4–14）。

2. 紧固前，确定其垂直度（图 4–15），然后将连接件连接牢固。

3. 放线确定小立柱安装位置，然后开榫孔（图 4–16）。

4. 然后将小立柱插入榫孔，用水平尺测量确定其垂直后，然后安装扶手（图 4–17）。

图 4–13　固定连接件（左）
图 4–14　固定大立柱（中）
图 4–15　确定是否垂直（右）

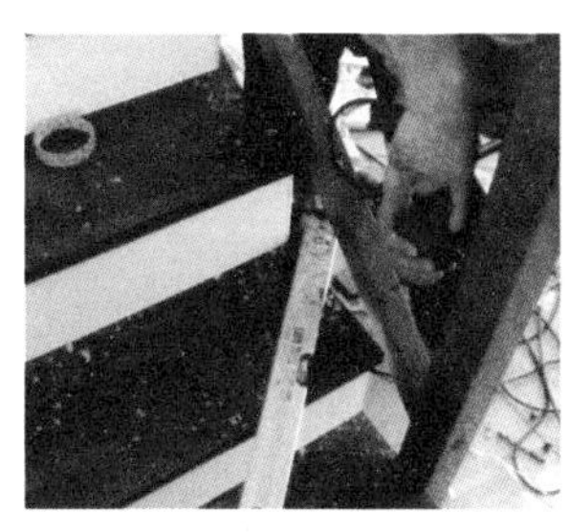
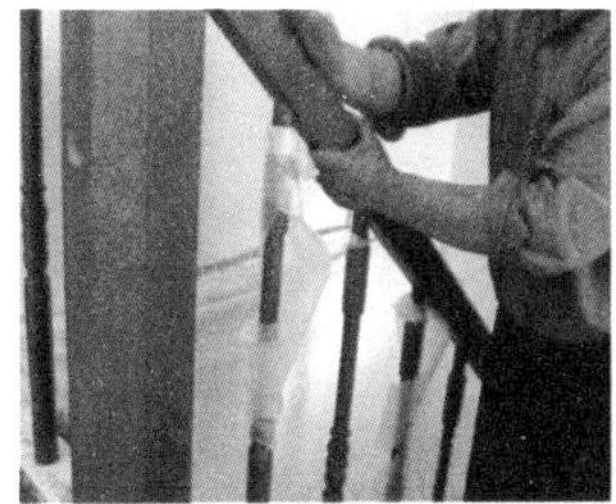

图 4–16　开榫孔（左）
图 4–17　安装扶手（中）
图 4–18　完工（右）

### 4.1.7　实训练习

**［项目］　木栏杆的安装**

1. 施工内容：

按照给定的设计图样进行木栏杆的安装。具体施工内容包括选料、放线、开榫孔、安装立柱、安装扶手、验收等。

2. 实训场景要求：

已安装木踏面的木楼梯，3～5 个踏板。

3. 施工准备：

（1）图纸会审

以小组为单位，对给定图纸进行熟悉，质疑提问。

（2）材料准备

选择合适的构件和材料，并提出材料清单，依此领料。

（3）机具准备

根据实际工程情况，提出所用机具清单，并依此领取施工机具。

（4）施工方案准备

根据实际情况编制加工方案，并依此组织实施。

（5）制定验收方案

4. 操作流程：

根据设计图样放线——安装连接件或预埋件——固定立柱——安装扶手——修整——验收。

5. 操作要点：

参考本章木栏杆施工工艺、施工技术要点。

6. 工程质量验收：

以小组为单位，先针对本组的成品进行自检，填写相关验收表格；然后进行小组互检；最后根据检测结果，提出整改措施。

## 4.2 金属扶栏

**学习目标：**

通过本章节的学习掌握各种金属扶栏的材料、制作与构造方式及安装施工工艺。

近年来，随着人们物质生活的不断提高，无论是公共空间还是家居空间，对装修的要求不断提高，从原本只关心大空间的装修发展到对细节装修的追求，因此楼梯扶栏也成了点缀装饰空间的重点，本章节将重点介绍金属扶栏的施工特点。

### 4.2.1 材料认知

金属扶栏分为栏杆、栏板和扶手三部分，由于功能和部位不同，所采用的材料也不尽相同，下面分别予以介绍。

1. 金属栏杆材料的选用

栏杆多采用铸铁、不锈钢、型钢等材料，并可焊接或铆接成各种图案，既起防护作用，又起装饰作用。图 4–19 给出的是常见的一些金属栏杆。常用栏杆断面尺寸为：圆钢 $\phi$16～$\phi$25，方钢 15mm×15mm～25mm×25mm，扁钢 (30～50mm)×(3～6mm)，钢管 $\phi$20～$\phi$50。若采用不锈钢栏杆，其材料的壁厚的规格、尺寸、形状应符合设计要求，一般壁厚不小于 1.5mm，以钢管为立杆时壁厚不小于 2mm。

2. 金属栏板材料的选用

金属栏板通常选用彩钢金属薄板做网眼处理，或者采用铸铁加工花格栏板（图 4–20）。

3. 金属扶手材料的选用

金属扶手通常采用圆钢管或方钢管，对于装修等级高档的有时采用铜管或不锈钢管（图 4–21）。

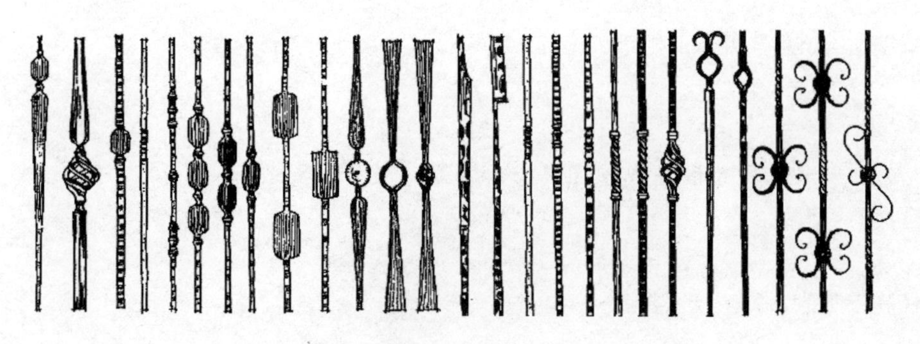

图 4–19 金属栏杆常见样式

图 4–20 花格金属栏板（左）
图 4–21 不锈钢扶手图（右）

4. 工业建筑中金属扶栏材料的选用

工业建筑中栏杆的形式相对较为简单，其主要构件（立杆和顶部扶手）可选用刚度较好的角钢（∟50mm×4mm）或圆钢管（$\phi$38～45mm×2mm）。栏杆立柱的间距不大于 1m，并应采用不低于 Q235 钢的材料制成。中部纵条可选用不小于 –30mm×4mm 的扁钢或 $\phi$16 的圆钢固定在立杆内侧中点处，中部纵条与上下杆件之间的间距不应大于 380mm。为保证安全，平台栏杆均须设置挡板（踢脚板），挡板一般采用 –100mm×4mm 的扁钢。

## 4.2.2 金属扶栏的构造

金属扶栏由扶手、栏杆或栏板等构件组成，各构件本身都是单独制作的，扶栏的构造关键在于各构件之间的连接。

1. 栏杆和踏板之间的连接

栏杆与踏板的连接方式有锚接、焊接和栓接三种，如图 4–22 所示。

锚接是在踏板上预留孔洞，然后将钢条插入孔内，预留孔一般为 50mm×50mm，插入洞内至少 80mm，洞内浇注水泥砂浆或细石混凝土嵌固。

焊接则是在浇注楼梯踏板时，在需要设置栏杆的部位，沿踏面预埋钢板或在踏板内埋套管，然后将钢条焊接在预埋钢板或套管上。

栓接系指利用螺栓将栏杆固定在踏板上，方式可有多种。

栏杆与踏板的连接位置除了可以连接在踏板上表面，如图 4–22 所示，还可以与踏板的侧面进行连接，如图 4–23 所示。

2. 栏杆与栏板的连接

金属栏杆与金属栏板或与金属花格之间的连接通常都是采用焊接连接。

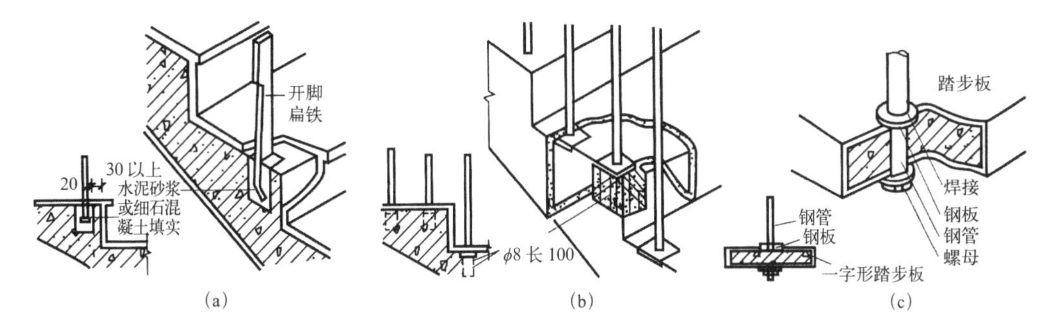


图 4–22 栏杆与踏板的连接方式
(a) 锚接；
(b) 焊接；
(c) 螺栓连接

### 4.2.3 金属扶栏的施工工艺

图 4-23 楼梯栏杆与踏板板侧面连接

金属扶栏的施工主要包括两个大的方面：一是金属扶栏的加工制作；二是金属扶栏的安装。在施工之前应熟悉施工图纸，做好相应的施工准备工作。

1. 作业条件

（1）样板已验收合格；

（2）楼梯间墙面、踏板等已抹灰或大理石粘贴完毕；

（3）金属栏杆和靠墙扶手固定支撑件安装完毕。

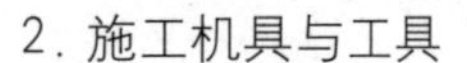

2. 施工机具与工具

金属扶栏安装所需要的施工机具有：氩弧焊机、电锯（3.2～6mm）、手电钻、冲击电钻、电动角磨机、喷枪、空气压缩机。此外，工具还有窄条锯、斧子、羊角锤、钢锉、螺丝刀、方尺、割角尺、卡子等。

3. 施工技术要点

施工工艺流程：放线——安装后加埋件——连接预装——固定——打磨抛光——刷防锈漆三遍（不锈钢除外）——验收。

（1）放线：由于采用后加埋件施工，有可能产生误差，因此，在后加埋件施工前，必须拉线，以确定埋板位置与焊接立杆的准确性，如有偏差，及时修正。应保证钢管立柱全部坐落在钢板上，并且四周能够焊接。

（2）安装后加埋件：楼梯栏杆埋件的安装只能采用后加埋件做法，其做法是采用膨胀螺栓（12mm × 12mm）与钢板（5mm 厚）来制作后置连接件。先在土建基层上放线，确定立柱固定点的位置，然后在楼梯地面上用冲击钻钻孔，再安装膨胀螺栓，螺栓保持足够的长度，在螺栓定位以后，将螺栓拧紧，同时将螺母与螺杆间焊死，防止螺母与钢板松动。扶手与墙体面的连接也同样采取上述方法。

（3）安装立柱：焊接立柱时，需双人配合，一个扶住钢管使其保持垂直，在焊接时不能晃动，另一人施焊，要四周施焊，并应符合焊接规范。

（4）扶手与立柱连接：立柱在安装前，通过拉长线放线，根据楼梯的倾斜角度及所用扶手的圆度，在其上端加工出凹槽。然后把扶手直接放入立柱凹槽中，从一端向另一端顺次点焊安装，相邻扶手安装对接准确，接缝严密。相邻钢管对接好后，将接缝用不锈钢焊条进行焊接。焊接前，必须将沿焊缝每边30～50mm 范围内的油污、毛刺、锈斑等清除干净。

（5）打磨抛光：不锈钢管焊接时，表面抛光应先用粗片进行打磨，如表面有砂眼不平处，可用氩弧焊补焊，大面磨平后，再用细片进行抛光。抛光处的质量效果应与钢管外观一致。方、圆钢管焊缝打磨时，必须保证平整、垂直。经过防锈处理后，焊接焊缝及表面不平、不光处可用原子灰补平、补光。焊后打磨清理，并按设计要求喷漆。

(6) 刷防锈漆：除不锈钢外，其他金属材料均需做防锈处理。刷漆前必须将栏杆表面油污、铁锈等清理干净。刷漆要均匀，无流淌、不聚堆，三遍成活。

(7) 其他注意事项：楼梯扶手与扶手之间必须采用弯头连接；在大理石踏板上打孔时，注意避免损坏大理石，做好成品保护工作。

### 4.2.4 金属扶栏质量检验标准

1. 主控项目

(1) 护栏和扶手制作与安装所使用材料的材质、规格、数量和木材、塑料的燃烧性能等级应符合设计要求及国家标准的有关规定。

检验方法：观察；检查产品合格证书、进场验收记录和性能检测报告。

(2) 护栏和扶手的造型、尺寸及安装位置应符合设计要求。

检验方法：观察；尺量检查；检查进场验收记录。

(3) 护栏和扶手安装预埋件的数量、规格、位置以及护栏与预埋件的连接节点应符合设计要求。

检验方法：检查隐蔽工程验收记录和施工记录。

(4) 护栏高度、栏杆间距、安装位置必须符合设计要求。护栏安装必须牢固。

检验方法：观察；尺量检查；手扳检查。

2. 一般项目

(1) 护栏和扶手转角弧度应符合设计要求，接缝应严密，表面应光滑，色泽应一致，不得有裂缝、翘曲及损坏。

检验方法：观察；手摸检查。

(2) 护栏和扶手安装的允许偏差和检验方法应符合表 4-2 的规定。

**护栏和扶手安装的允许偏差和检验方法表** **表4-2**

| 项次 | 项目 | 允许偏差/mm | 检验方法 |
|---|---|---|---|
| 1 | 护栏垂直度 | 3 | 用1m的垂直检测尺检查 |
| 2 | 栏杆间距 | 3 | 用钢尺检查 |
| 3 | 扶手垂直度 | 4 | 拉通线，用钢直尺检查 |
| 4 | 扶手高度 | 3 | 用钢尺检查 |

### 4.2.5 金属扶栏的质量问题与防治

1. 接槎不平：主要是扶手底部开槽深度不一致，栏杆扁钢或固定件不平整，影响扶手接槎的平顺质量。

2. 颜色不均匀：主要是选料不当所致。

3. 螺帽不平：主要是钻眼角度不当，施工时钻眼方向应与扁钢或固定件垂直。

### 4.2.6 案例

1. 根据设计图样选择合适的材料，并根据所需尺寸下料，下料后对材料进行矫形，使之平直（图 4–24）。

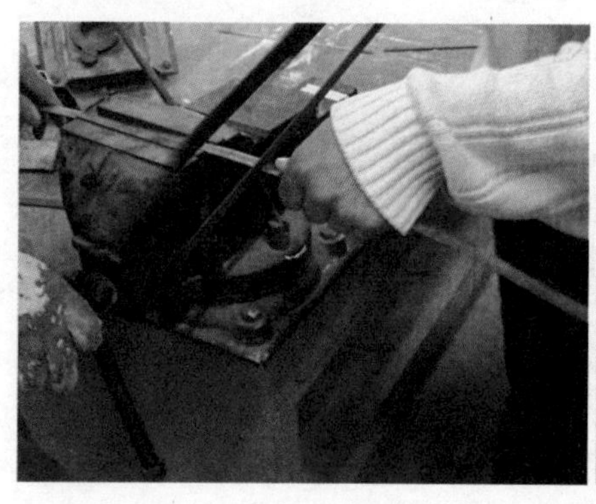

图 4–24 下料、矫形

2. 根据设计图纸折弯花形，并修整花形（图 4–25）。

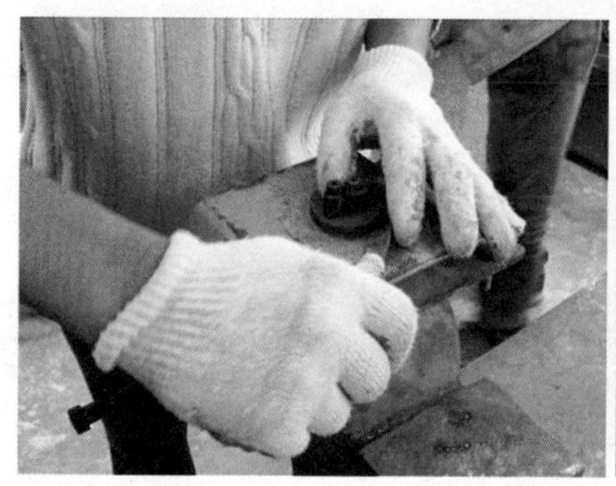

图 4–25 折弯、修整花形

3. 将加工好的零部件进行拼装，焊接成型（图 4–26）。

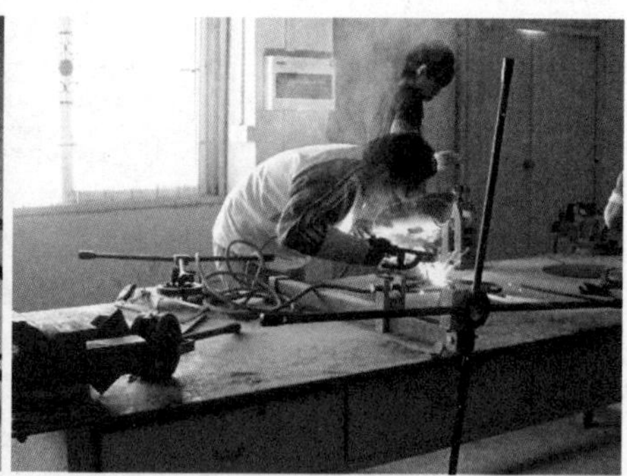

图 4–26 拼装、焊接

4. 焊接好后，进行打磨修整（图 4–27）。

5. 将小立柱根据设计图纸确定尺寸后焊接到一起，然后，打磨、抛光、刷漆，完成（图 4–28）。

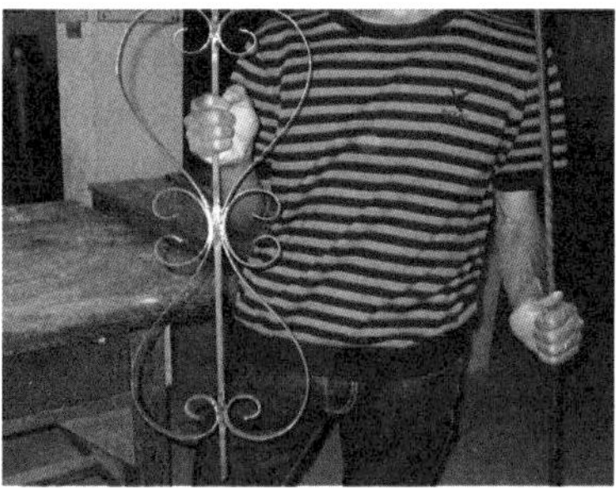

图 4-27 打磨、完成（左）

图 4-28 焊接成型（中、右）

### 4.2.7 实训练习

#### [项目 1] 金属花格栏杆的制作

1. 施工内容：

按照给定的设计图样进行金属花格栏板的制作。具体施工内容包括选料、加工、焊接成型、上漆、验收等。

2. 实训场景要求：

在金艺工作室完成。

3. 施工准备：

（1）图纸会审

以小组为单位，对给定图纸进行熟悉，质疑提问。

（2）材料准备

选择合适的构件和材料，并提出材料清单，依此领料。

（3）机具准备

根据实际工程情况，提出所用机具清单，并依此领取施工机具。

（4）施工方案准备

根据实际情况编制加工方案，并依此组织实施。

（5）制定验收方案

4. 操作流程：

根据设计图样下料——锻打——折弯花形——组装、焊接——打磨焊瘤、除锈——抛光——上漆。

5. 操作要点：

（1）下料

依照设计图样，确定所需材料的规格，再根据放线测量得到所需材料的长度、宽度等。

（2）锻打

截下的材料未经加工，不具备多少美感。锻打是把钢材加热至白炽状态，然后把它放在准备好的压花模具中，经过重锤、精锻、细打后，便可在钢材的顶端打制出各种图案造型，如叶子、藤蔓、虎爪等。在钢材的表面可以打印上各种横纹、斜纹、点斑等纹理。

(3) 折弯花形

锻打成型的钢材下一步便是，经过弯曲，扭折出所需的弯度和弧度。把材料固定在台架或弯花的工具上，弯折出花形。弯折时用力要均匀，保证线条的流畅。

(4) 组装、焊接

将铁艺的零部件准备好以后，接着可以按照设计图样把零部件组装焊接到一起。焊接时焊接处要牢固、平整，焊点要均匀。

(5) 打磨焊瘤、除锈

焊接后，用电动角磨机把突出的焊瘤打磨平整。同时去除钢材上的氧化物和焊接时留下的铁渣等。表面可用砂纸或钢刷来处理。细微处需用细毛刷或钢丝簇把铁锈和灰粉剔除干净。

(6) 抛光

要使铁艺光洁平滑、着色均匀，打磨、抛光是必不可少的。抛光可使用手动抛光打磨机来完成，使钢材表面光润，呈现出金属沉稳、冷峻的原色。

抛光的效果将影响铁艺的总体质感及着漆是否牢固。

(7) 上漆

一般来说，总共要上三层漆。第一层是面漆。顾名思义这一层漆起保护膜的作用。在漆料的选用上，要选择具有耐腐蚀、不易剥落等特性的面漆。上好面漆之后，把铁艺进行高温烘烤，使漆料渗透到钢铁里层，这样铁艺便于表面形成一层牢固的防护膜了。

第二层漆是底漆。如果把上漆比作绘画，上底漆即是给画稿定基调、描背景。为体现铁制品沉稳、厚重、古典的特性，底漆需选用深色调的，一般以黑色居多。

底漆干后，便是给铁艺涂上所需的颜色。这是体现铁艺特殊美感的一步。如果采用的是机器喷漆，得到的将是颜色均匀统一、缺乏变化的成品。有鉴赏眼光的人都知道手工绘漆的铁艺才是上品。手工绘漆使不同的铁艺具有不同的个性，就算是同一件铁艺不同部位颜色的深浅厚薄、明暗的对比也千差万别。比如锻造庭院大门，深色的底漆表现出沉重的历史感；花饰上的颜色从中央到边缘由深至浅变化，具有的立体感；门把手的地方绘上的是斑驳的黄铜色，似是因年代久远造成磨损而露出了金属的本来面目。整件铁艺散发出古色古香、经典浪漫的气息。

6. 工程质量验收：

以小组为单位，先针对本组的成品进行自检，填写相关验收表格；然后进行小组互检；最后根据检测结果，提出整改措施。

## [项目 2]　不锈钢扶栏的安装

1. 施工内容：

按照给定的施工图进行一跑楼梯不锈钢扶栏的安装全过程实训。

2. 实训场景要求：

已施工完毕的钢筋混凝土楼梯，数量满足各小组的施工要求空间。构件提前加工好。

3. 施工准备：

(1) 图纸会审

以小组为单位，对给定图纸进行熟悉，质疑提问。

(2) 材料准备

选择合适的构件和材料，并提出材料清单，依此领料。

(3) 机具准备

根据实际工程情况，提出所用机具清单，并依此领取施工机具。

(4) 施工方案准备

根据实际情况编制实用的施工组织设计，并依此组织施工。

(5) 制定验收方案

4. 操作流程及要点：

施工工艺流程：放线——后加埋件——连接预装——固定——打磨抛光——刷漆——清理。

(1) 定位放线

根据图纸，首先确定预埋件的位置，从而放出预埋件的位置线。

(2) 预埋件安装

要注意预埋件平整度的调节和水平以及高度间距的控制。

(3) 连接预装

注意立杆的垂直度和安装位置，以保证后续的固定空间。

(4) 固定

保障焊接质量，注意安全美观。

(5) 抛光

注意接槎平齐。

(6) 刷漆

分遍、分层进行。

(7) 清理

安装好后要注意善后工作的清理，养成良好职业习惯。

5. 工程质量验收：

以小组为单位，先针对本组的工程进行自检，填写相关验收表格；然后进行小组互检；最后根据检测结果，提出整改措施。

## 4.3 其他材料栏杆及栏板赏析

**学习目标：**

通过本章节的学习了解其他材料栏杆及栏板。

## 4.3.1 玻璃栏板

1. 玻璃栏板的基本知识

玻璃栏板由玻璃和连接构件组成，一般配合玻璃楼梯使用，有轻盈、剔透的效果。对于一些面积不大或在入口处需设置楼梯的空间，是很好的选择（图 4–29）。由于玻璃的材料特点，一般都使用栏板。

图 4–29 玻璃栏板（一）

玻璃栏板每块玻璃的长度在 800～1000mm，高度与其他扶栏的高度要求一样。玻璃的面积在 $1m^2$ 左右，这样的玻璃面积，既不影响美观，又具有一定的强度。玻璃栏板所使用的玻璃，在《建筑玻璃应用技术规程》JGJ 113—2015 中有明确规定，护栏玻璃应使用公称厚度不小于 12mm 的钢化玻璃或钢化夹层玻璃。当护栏一侧距楼地面高度为 5m 及以上时，应使用钢化夹层玻璃。

玻璃栏板的连接一般使用金属连接件，如不锈钢钉、不锈钢驳接爪、不锈钢立柱等，玻璃与所有材料连接的时候，必须加衬弹性材料，保证其在正常变形的情况下，不会由于压力而产生破坏。

2. 玻璃栏板赏析

图 4–30 的玻璃栏板是与楼梯的踏板进行固定的。这个楼梯是单梁式的，木踏板板搁置固定在梯斜梁上，玻璃栏板底部的不锈钢连接件固定在踏板板的两端，玻璃与踏板板的固定紧密，每个踏板板都与玻璃连接在一起，这样既有效的保证了玻璃栏板的牢固度，同时也增加了踏板板的稳定性。

这款玻璃栏板没有使用收口线条等辅料，玻璃与玻璃之间的缝隙用透明玻璃胶填充，不锈钢扶手固定在栏板上，整个栏板干净、利落，极具现代感。

图 4–31 这款楼梯的玻璃栏板相比于上一幅的玻璃栏板，更显轻盈。玻璃固定在地面上，使用其他材料将节点处包裹起来，整个连接不露痕迹又坚不可

图 4–30 玻璃栏板（二）（左）
图 4–31 玻璃栏板（三）（右）

摧。没有其他材料的配合，只有透明的玻璃，在一汪碧水的衬托下，有仙境一般的缥缈。

图 4–32 也是全玻璃的栏板，但它的玻璃是落地的，与楼梯斜梁之间也是使用了不锈钢钉进行了钉固。玻璃栏板的顶端，使用不锈钢条进行收口，配合了不锈钢楼梯骨架的材质。是小型商业空间内，极具装饰性的实用楼梯。

图 4–33 是弧形玻璃栏板，这对材料的要求较高。弧形玻璃要按照设计要求定做，每块玻璃的弧度都是有变化的。这款玻璃栏板底部也是固定在地面上，上面又附加了装饰层，上部用木扶手进行收口，这样可以掩盖一些安装时的小误差。

图 4–34 的玻璃栏板是最常见的玻璃栏板形式。玻璃栏板固定在不锈钢立柱上，既牢固又透明，是现代家庭装饰中常见到的形式。

图 4–35 的玻璃栏板也是玻璃栏板固定在不锈钢立柱上。这个楼梯本身是钢木结构的楼梯，因此不锈钢立柱固定在梯斜梁的外侧，更具现代感。

图 4–32　玻璃栏板（四）（左）
图 4–33　玻璃栏板（五）（右）

图 4–34　玻璃栏板（六）（左）
图 4–35　玻璃栏板（七）（右）

## 4.3.2　钢木栏杆

1．钢木栏杆的基本知识

钢木栏杆一般由木立柱与不锈钢钢筋或镀层钢筋组成，扶手材质为实木或硬塑料。是现代室内楼梯最常见的楼梯扶栏形式，但稳定性一般，不能承受较大的荷载。

这类楼梯栏杆的连接一般为金属件，属于装配式的，在现场没有加工。因此施工简单、方便。

2. 钢木栏杆赏析

图 4–36 是钢木结构的楼梯，楼梯栏杆是烤漆金属杆，扶手是实木扶手。安装简单，造型简洁，在满足使用的同时具有一定的装饰性。

图 4–36　钢木栏杆（一）

图 4–37 是最常见的室内楼梯的扶栏形式，立柱是木材与不锈钢结合在一起的，不锈钢的连接件既增加了装饰性，又使得装配更加方便。

图 4–38 使用实木扶手，使原本坚硬、冰冷的不锈钢扶栏有了温暖的感觉，同时使不锈钢的线条显得更加顺直和硬朗。

图 4–37　钢木栏杆(二)（左）
图 4–38　钢木栏杆(三)（右）

### 4.3.3　创意栏杆与栏板

设计无处不在，只要有物体就可能有创意的灵感闪动。楼梯栏杆与栏板作为实用的建筑构件，在有些空间，如果加一点创意进去，那它的装饰效果也是不可小觑的。

图 4–39 的楼梯扶栏是由弯曲的不锈钢薄板固定而成的，既起到了围护作用，又像是一尊现代派的雕塑。

图 4–40 的扶栏其实是一个大书架，固定在楼梯的侧边，既起到围护作用，同时还有储物的功能，而且装饰性也很强，真是一举多得。

图 4–41 楼梯的扶栏充分的体现了虚实对比所产生的美感。

图 4–42 的扶栏是顺直的金属丝，若有若无的感觉。楼梯将整个墙面分割成了两个等大的区域，一半是书架，充实而饱满，一半是空空的墙面，给人无限的遐想空间。这也是虚实的表现。

图 4–39　创意扶栏（一）（左）
图 4–40　创意扶栏（二）（右）

图 4–41　创意扶栏（三）（左）
图 4–42　创意扶栏（四）（右）

图 4–43 厚厚的栏板原本是笨重的，但是镜面不锈钢的质感给人轻盈的感觉，同时曲线的应用，使整个扶栏有了飞一样的感觉。

图 4–44 的栏杆是彩色的布条，色彩很跳跃，调节了空间中灰色的比例，是整个空间的点睛之笔。

图 4–45 的楼梯扶栏是不符合设计规范要求的，它完全抛弃了楼梯扶栏的条条框框，把扶栏当作一件纯粹的艺术品来展示，它只是依附在楼梯的结构上罢了。

图 4–43　创意扶栏（五）（左）
图 4–44　创意扶栏（六）（中）
图 4–45　创意扶栏（七）（右）

# 参考文献


[1] 同济大学，西安建筑科技大学，东南大学，重庆大学．房屋建筑学[M]．北京：中国建筑工业出版社，2005．

[2] 刘超英，陈卫华．建筑装饰装修材料、构造、施工[M]．北京：中国建筑工业出版社，2010．

[3] 乌苏拉·鲍斯，克劳斯·西格勒．钢楼梯——构造·造型·实例[M]．北京：中国建筑工业出版社，2008．

[4] 乌苏拉·鲍斯，克劳斯·西格勒．木楼梯——构造·造型·实例[M]．北京：中国建筑工业出版社，2009．

[5] 艾伦·布兰克，西尔维娅·布兰克．楼梯——材料·形式·构造[M]．北京：知识产权出版社，中国水利水电出版社，2005．

[6] 崔东方．地面装饰构造与施工工艺[M]．北京：中国建筑工业出版社，2007．

[7] 刘念先．地面装饰工程[M]．北京：化学工业出版社，2009．

[8] 焦涛．门窗装饰工艺及施工技术[M]．北京：高等教育出版社，2007．

[9] 深圳市金版文化发展有限公司．铁艺1000例[M]．海口：南海出版公司，2009．

[10] 中华人民共和国住房和城乡建设部．民用建筑设计统一标准：GB 50352—2019[S]．北京：中国建筑工业出版社，2019．

[11] 国家林业局．居住建筑套内用木制楼梯：LY/T 1789—2008[S]．南京：凤凰出版社，2008．

[12] 中华人民共和国住房和城乡建设部．建筑装饰装修工程质量验收标准：GB 50210—2018[S]．北京：中国建筑工业出版社，2018．

[13] 中华人民共和国建设部．住宅装饰装修工程施工规范：GB 50327—2001[S]．北京：中国建筑工业出版社，2002．

[14] 苏州市建设局．江苏省建筑安装工程施工技术操作规程——装饰工程：DGJ32/J35—2006[S]．北京：中国城市出版社，2006．